Antonio Vázquez Pérez

Energia, desenvolvimento local e planeamento territorial

Antonio Vázquez Pérez

Energia, desenvolvimento local e planeamento territorial

SciénciaScripts

Imprint

Any brand names and product names mentioned in this book are subject to trademark, brand or patent protection and are trademarks or registered trademarks of their respective holders. The use of brand names, product names, common names, trade names, product descriptions etc. even without a particular marking in this work is in no way to be construed to mean that such names may be regarded as unrestricted in respect of trademark and brand protection legislation and could thus be used by anyone.

Cover image: www.ingimage.com

This book is a translation from the original published under ISBN 978-620-2-09497-9.

Publisher:
Sciencia Scripts
is a trademark of
Dodo Books Indian Ocean Ltd. and OmniScriptum S.R.L publishing group

120 High Road, East Finchley, London, N2 9ED, United Kingdom
Str. Armeneasca 28/1, office 1, Chisinau MD-2012, Republic of Moldova, Europe
Printed at: see last page
ISBN: 978-620-7-97510-5

Índice

Autor

Lic. Antonio Vâzquez Pérez

Ms.C. Mestrado Internacional em Formação Ambiental pelo Instituto Internacional de Educação Ambiental de Valladolid. Espanha. Programa de Doutoramento em Filosofia e Letras da Universidade de Alicante.

Colaborador em actividades de ensino e investigação na Universidad Técnica de Manabi (UTM).

Participa na gestão do projeto intitulado "Sistema de Informação Geográfica para o Desenvolvimento Sustentável que é desenvolvido na UTM. As suas linhas actuais estão direcionadas para o estudo e estudo do Desenvolvimento Local; impactos ambientais e riscos de desastres naturais relacionados com a infraestrutura eléctrica dos territórios e a proposta de redução dos mesmos através da introdução de soluções energéticas sustentáveis no modo de geração distribuída e a utilização de fontes de energia renováveis no esquema local do desenvolvimento social.

Lic. Maria Rodríguez Gámez

Doutoramento. Estratégias e Planeamento do Território Fontes de Energia Renováveis, Universidade Pablo de Olavide, Sevilha, Espanha, Doutoramento em Geografia. Associado, professor e investigador na Universidad Técnica de Manabi. Participou em vários projectos de investigação internacionais destinados a zonas rurais que utilizam fontes de energia renováveis, trabalhando atualmente em estudos que utilizam SIG para estudar o potencial renovável e a sua utilização na produção distribuída.

Ing. Alcira Magdalena Vélez Quiroz

Ms.C . Professora titular a tempo inteiro da Faculdade de Ciências Matemáticas, Física e Química da Universidade Técnica de Manabi, doutoranda, participou em diferentes conferências e fez publicações

Ing. Wilber Manuel Saltos Arauz.

Sra.C. Aspirante a Doutora em Ciências Técnicas, Engenheira Eletrotécnica, tem trabalhado em diversas pesquisas voltadas principalmente para o uso de microrredes com fontes renováveis de energia, tem participado de eventos científicos como autora de diversos trabalhos atualmente trabalhando com a questão do uso de fontes renováveis em forma de geração distribuída através de microrredes que melhoram a qualidade da energia e diminuem os impactos ambientais.

Ing. Guillermo Antonio Loor Castillo

Ms.C. Licenciada em Engenharia Eletrotécnica pela Universidade Técnica de Manabi (UTM), Portoviejo, Equador. Mestre em Gestão da Educação. Assistente do Departamento de Engenharia Eléctrica e vice-diretor de Engenharia Eléctrica da Faculdade de Matemática, Química e Física da UTM, Portoviejo, Equador. Professora, atualmente está a trabalhar no seu trabalho de doutoramento sobre o tema das redes inteligentes para uma aplicação eficiente nas instalações da universidade.

Ing. Lenine Agustín Cuenca Alava

MsC. Licenciada em Engenharia Eletrotécnica pela Universidad Técnica de Manabi (UTM), Portoviejo, Equador. Mestre em Gestão Educacional. Assistente do Departamento de Eletrotecnia e coordenador da Escola de Engenharia Eletrotécnica da Faculdade de Matemática, Química e Física da UTM, Portoviejo, Equador. Professor atualmente a trabalhar no seu trabalho de doutoramento sobre o tema da inteligência artificial para uma aplicação eficiente às instalações universitárias.

Ing. Washington C. Castillo Jurado Ms.C

MsC. Licenciado em Engenharia Eletrotécnica pela Universidad Técnica de Manabi (UTM), Portoviejo, Equador. Mestre em Administração. Assistente do Departamento de Eletricidade e coordenador da Escola de Engenharia Eléctrica da Faculdade de Matemática, Química e Física da UTM, Portoviejo, Equador. Professor atualmente a trabalhar no seu trabalho de doutoramento sobre a alta tensão.

Ing. Julio Cesar Hernàndez Chilan

Licenciada em Engenharia Eletrotécnica pela Universidad Técnica de Manabi (UTM), Portoviejo, Equador. Mestre em Ensino e Investigação Educacional. Professor Assistente do Departamento de Engenharia Eléctrica da Faculdade de Ciências Matemáticas, Físicas e Químicas da UTM, Portoviejo, Equador. Atualmente desenvolve o seu trabalho de doutoramento sobre o tema tecnológico para melhorar o comportamento dos aerogeradores síncronos de velocidade variável perante os desníveis de tensão.

Introdução

Atualmente, a eletricidade é um serviço básico para satisfazer as principais necessidades do homem moderno, assim como o abastecimento de água potável, os cuidados médicos e a educação, entre outras necessidades vitais. É um dos serviços mais utilizados no domínio industrial e comercial e tem fomentado o desenvolvimento de tecnologias que aumentam o conforto e a segurança da vida em sociedade.

O acesso à eletricidade gera potencial para melhorar a qualidade de vida e a incorporação ativa das pessoas numa vida social saudável e integrada, permitindo reduzir a marginalidade, aumentar a segurança dos cidadãos, bem como melhorar a saúde pública e a educação, entre outras vantagens.

As possibilidades de estar bem informado e o entretenimento que incentiva a utilização da rádio e da televisão, permitem que a vida se torne diferente. O armazenamento adequado e higiénico dos alimentos com a utilização de frigoríficos aumenta o conforto da vida das pessoas.

Mas apesar dos extraordinários avanços tecnológicos experimentados no domínio da produção de eletricidade, existem atualmente mais de mil milhões de seres humanos no mundo que não dispõem de serviços de eletricidade e África concentra cerca de metade destas pessoas, além de que nesse território coexistem aproximadamente um quarto dos 2.600 milhões de seres humanos que continuam a recorrer à utilização tradicional da biomassa para cozinhar (AIE, 2013).

O atual modelo energético planetário é altamente poluente, ineficiente, baseado na utilização intensiva de fontes de geração em vias de extinção, socialmente injusto e com uma procura crescente. A utilização de fontes de energia fósseis é a causa de 75% das emissões de gases com efeito de estufa. Ao ritmo do consumo atual, as reservas de petróleo podem esgotar-se em 30 anos, as de gás em 80 anos e as de carvão em 200. Mais de 40% das emissões globais de CO_2 provêm do sector da eletricidade, no Equador são cerca de 9% (Westervelt, 2005).

Para garantir um serviço elétrico de qualidade, é necessário o comportamento integral de um conjunto de exigências técnicas, constituindo uma tarefa muito complexa se se tiver em conta o constante crescimento da população que requer este serviço e o desenvolvimento de tecnologias que ainda se baseiam na utilização de combustíveis fósseis, que cobrem 80% da procura global de energia (Westervelt, 2005).

As pessoas que vivem em zonas rurais onde a eletricidade não chegou, vivem uma vida difícil com sérias limitações para realizar tarefas sociais, à noite não têm acesso aos meios de comunicação social e durante metade das 24 horas do dia vivem no silêncio e na escuridão da sua vida social.

Atualmente existem diferentes formas de levar a eletricidade às casas das comunidades rurais isoladas; uma delas é a extensão da rede, as micro-redes ou redes isoladas. A eletrificação do meio rural implica o fornecimento de eletricidade a todas as comunidades, independentemente da tecnologia, das fontes de energia utilizadas e da forma de produção utilizada.

A eletrificação rural caracteriza-se principalmente por uma baixa densidade de carga local, pelo que devem ser realizados estudos de viabilidade que satisfaçam economicamente a variante tecnológica utilizada.

Existem experiências em países como a Espanha, onde foram realizados estudos em habitações unifamiliares de quatro indivíduos, localizadas em diferentes pontos geográficos do território espanhol (Huelva, Saragoça e Vitória) para estabelecer comparações. Foram avaliadas com o objetivo de fornecer tanto uma instalação solar térmica como uma instalação fotovoltaica.

No Centro de Investigação Energética, Ambiental e Tecnológica (CIEMAT), desenvolveram uma metodologia baseada na utilização de sistemas de informação geográfica (SIG), para a eletrificação rural com energias renováveis consubstanciada no desenvolvimento do modelo IntiGIS (Páscoa, 2012). Este modelo inclui algoritmos orientados para o cálculo do custo de eletrificação equivalente (CEC) que permite, através de uma aplicação SIG que tem o mesmo nome do modelo, avaliar a opção mais competitiva para a eletrificação de zonas rurais carentes deste serviço.

A aplicação incorpora também ferramentas de controlo para avaliar a incerteza inerente aos resultados, a análise de sensibilidade espacial. O modelo foi validado em vários países da América Latina. Há nações como o Peru e o Chile que têm feito esforços para completar o plano de eletrificação nas zonas rurais, para isso utilizam diferentes formas em função dos estudos de viabilidade económica.

Por outro lado, há resultados de investigação que demonstram a inadequação das políticas de desenvolvimento centristas. Joseph Stiglitz afirmou que: 1% da população tem o que 99% precisa, o que mostra a situação que o mundo enfrenta atualmente (Stiglitz, 2012). Por isso, afirma-se que no século XXI é chegado o momento de assumir a responsabilidade de agir a partir da política, da cidadania e das empresas, especialmente no ambiente local e a partir de outras perspetivas ou pensamentos. Enfatiza-se que a cooperação para o desenvolvimento representa ajudar a eliminar a pobreza extrema, mas também as desigualdades de direitos e liberdades, garantindo a qualidade de vida e um futuro para todos (Calvo, Portet, & Bou, 2014).

A América Latina é a região do mundo que apresenta as maiores desigualdades nas várias dimensões associadas ao desenvolvimento: económica, social e territorial. A desigualdade, nas suas diversas formas, reforça-se mutuamente e, na ausência de intervenção das políticas públicas e da manutenção dos esquemas tradicionais de desenvolvimento, não deixa espaços viáveis para transformar a situação socioeconómica da região (Mattar & Riffo, 2013) .

Os estudos realizados nos últimos anos sobre a questão relacionada com o desenvolvimento mostram que, através da aplicação de modelos tradicionais de progresso técnico-científico, centrados em soluções de desenvolvimento e com uma visão centralizada de planeamento, é muito difícil atingir os objectivos relacionados com a sustentabilidade energética e muito menos o desenvolvimento equilibrado e equitativo da sociedade.

Por seu lado, o desenvolvimento local é definido como: o processo de organização do futuro de um território e resulta do esforço concertado e planeado empreendido por todos os actores locais, no sentido de valorizar os recursos humanos e materiais de um determinado território, mantendo uma negociação ou diálogo com os centros de decisão económicos, sociais e políticos onde se integram e dos quais dependem (DL Rodriguez, 1990).

Para atingir os objectivos do desenvolvimento sustentável, será necessário passar do atual esquema centralizado para um tipo de desenvolvimento centrado no território e na disponibilidade de recursos endógenos. A urgência da mudança é exigida pela disponibilidade de recursos naturais que se encontram intensamente esgotados e pela situação ambiental precária provocada pelos modelos de desenvolvimento tradicionais.

O livro apresenta os resultados de um estudo de viabilidade económica em comunidades já electrificadas que se estendem à rede eléctrica, mas que utilizaram muitos recursos económicos e não conseguiram oferecer um serviço de qualidade devido à distância e dispersão das comunidades em relação à rede eléctrica (Rodriguez, Castillo, Vâzquez, & Saltos, 2016). São também apresentados outros resultados de investigação que demonstram as possibilidades do território para desenvolver fontes de energia renováveis num esquema de desenvolvimento sustentável.

CAPÍTULO 1. CONTEXTO

1.1. Desenvolvimento sustentável da energia

O desenvolvimento sustentável passa pela elaboração de estratégias territoriais que permitam análises integradas, onde são considerados os estudos de impactes ambientais e paisagísticos, que podem ser induzidos durante os processos de investimento relacionados com a implementação de sistemas energéticos.

Na atual situação de crise ambiental, é oportuno desenvolver metodologias de planeamento energético, baseadas numa visão sustentável com a utilização de cem por cento de recursos renováveis, onde se possa implantar uma visão de futuro do território, no cumprimento de normas que regulem adequadamente a utilização do espaço, com base na análise de critérios de seleção de aptidão do território para a introdução de tecnologias energéticas.

O esquema tradicionalmente utilizado para o planeamento da matriz energética, responde ao interesse de assegurar o desenvolvimento de um negócio que assenta numa indústria essencialmente centralizada e petrolífera, poluente e ineficiente por excelência, que baseia o seu funcionamento em grandes centros de geração com uma central de carga, que concentra a gestão e controlo da produção e distribuição de energia eléctrica, com o objetivo final da sua comercialização intensiva de forma preferencial aos sectores sociais urbanos. Essa conceção de planejamento favorece a utilização do serviço elétrico para atender às necessidades e demandas energéticas de uma ampla gama de atividades e funções.

Os recursos não renováveis tornam-se fisicamente escassos e, sobretudo, os vectores energéticos previram o seu esgotamento num breve período histórico, tornando-se cada vez mais caros e perigosos não só na sua utilização, mas também na sua extração e transporte.

Na maioria dos casos, os ambientes onde é extraída a matéria-prima para a produção de energia, como é o caso do petróleo, estão sujeitos a riscos constantes de contaminação ambiental.

As catástrofes provocadas nos ecossistemas exterminam uma grande quantidade de espécies de todos os tipos. A contaminação por petróleo bruto ou petróleo refinado (gasóleo, gasolina, querosene e outros produtos obtidos por destilação fraccionada e processamento químico do petróleo bruto) é gerada acidental ou deliberadamente a partir de diferentes fontes, os acidentes dos petroleiros e as fugas nos equipamentos de perfuração marítima, outros provêm do continente, de onde são lançados ao solo nas cidades e zonas industriais, que são depois arrastados pelas correntes fluviais para acabarem nas bacias hidrográficas e nos oceanos.

Apesar disso, verifica-se no relatório World Energy Outlook 2011 (IEA, 2011) que existem poucos sinais que indiquem o início de uma mudança urgente e necessária na direção das tendências energéticas mundiais, pelo que as perspectivas futuras são ainda incertas. Um exemplo disso é o facto de a procura mundial de energia primária ter aumentado uns notáveis 5% em 2010, o que catapultou as emissões de CO2 para um novo recorde. Este fenómeno indica que a gestão da redução da poluição causada pelos combustíveis convencionais é baixa e que a produção de energia continua a não ser sustentável desta forma.

Considerando a necessidade de diversificar a atual base energética a partir da introdução de alternativas renováveis aproveitando as infra-estruturas existentes, em alguns países foram iniciados programas com uma visão diferente, onde a produção distribuída (GD) e as fontes de energia renováveis (FER), são consideradas como uma opção de primeira classe no caminho para o desenvolvimento sustentável e estes conceitos estão a revolucionar os sistemas eléctricos.

Mas, apesar disso, na noção de direção e controlo dos processos de produção e distribuição de eletricidade, continua a prevalecer o velho esquema centralizado, impedindo que os territórios à escala local e comunitária desenvolvam uma visão integral do problema, mais além da procura e do consumo, limitando o seu papel no desenvolvimento e incorporação de alternativas sustentáveis, visando alcançar a autossuficiência energética.

A natureza distribuída das FER e a diversidade dos serviços energéticos que elas podem oferecer favorecem uma filosofia de planeamento energético no sentido de um esquema descentralizado, em que o território desempenha um papel de liderança em termos de satisfação das suas necessidades à custa dos seus próprios recursos. soluções sustentáveis.

Uma determinada região para se tornar sustentável deve ter a maior autonomia possível em questões relacionadas com o planeamento energético, o que permite a gestão das suas próprias possibilidades para responder às necessidades de desenvolvimento.

Os investigadores de Stanford e das universidades da Califórnia estão a salientar a possibilidade de reduzir a quantidade de poluentes produzidos pela produção de energia. Propõem um conjunto de alternativas para resolver o problema energético global: serão necessárias 3,8 milhões de turbinas eólicas de 5 MW para satisfazer 50% da procura de energia; 49 000 centrais solares concentradoras de 300 MW poderiam resolver 20% da procura de energia; 40 000 centrais fotovoltaicas de 300 MW poderiam contribuir com 14%; e 270 novos projectos hidroeléctricos de 1300 MW poderiam cobrir 4% da procura.

Toda esta engrenagem tecnológica responderá à procura de energia, em todos os sectores e utilizações, até ao ano 2030 (Delucchi & Jacobson, 2011).

Estas análises propostas devem ser efectuadas para cada região, país e comunidades, para que se possam explorar as potencialidades locais e, a partir deste ponto de partida, diminuir a partir de pequenas exigências, até se resolver a geração de fontes de energia renováveis.

Propõe-se um modelo de planeamento energético sustentável, baseado na utilização de FER e no papel a priori que os actores da comunidade local devem desempenhar na sua conceção.

Nos últimos anos, a Universidade Técnica de Manabi (UTM), no Equador, tem vindo a desenvolver projectos de investigação com o objetivo de conseguir uma ferramenta para o desenvolvimento sustentável, onde é possível capacitar as comunidades para as questões relacionadas com a gestão da energia. Esta ferramenta é um instrumento que, nas mãos de professores e alunos, pode ser utilizado através de acções de envolvimento comunitário, em função do desenvolvimento local sustentável dos territórios, ao mesmo tempo que a formação curricular pode ser complementada de forma adequada. Ensino de graduação e pós-graduação, nas disciplinas relacionadas com a utilização das FER.

A ferramenta é complementada com um modelo de desenvolvimento sustentável, que integra as actividades que consecutiva e paralelamente devem ser realizadas, para a correta utilização das FER no processo de diversificação da matriz energética, demonstrando a ligação existente entre as FER, com os conceitos e princípios da gestão territorial da energia, onde a avaliação dos potenciais desempenha um papel decisivo para a viabilidade técnica, económica, ambiental e social dos investimentos.

Para conseguir a aplicação de um modelo de planeamento sustentável, este deve ser materializado por níveis e a diferentes escalas. A nível regional, devem ser definidas as estratégias e o nível de planeamento, com enfoque na inventariação dos potenciais renováveis e na satisfação da procura o mais próximo possível dos locais de consumo, de forma a reduzir as perdas por transporte e distribuição.

Esta noção de planeamento supõe uma consideração que vai para além do serviço elétrico, incorporando de forma integradora todas as utilidades energéticas que derivam da utilização da FRE, como podem ser: a bombagem de água, a sua purificação, o aquecimento de fluidos, a obtenção e utilização de vetores energéticos renováveis através da reciclagem de resíduos e a gestão do fundo biológico para a produção de biodiesel.

Até agora, a visão relacionada com as ERPs que os planeadores e a sociedade têm nos territórios não responde a uma ideia espacial, apesar de muitas empresas estarem a abordar a utilização de sistemas de informação geográfica (SIG), permitindo assim um inventário que lhes dá uma imagem da infraestrutura e lhes fornece conhecimento sobre a realização dos planos no terreno, esta informação pode ser utilizada para orientar o desenvolvimento sustentável.

Os engenheiros do século XXI devem ter uma formação suficiente que lhes permita desenvolver os seus conhecimentos com uma base metodológica e uma visão de sustentabilidade, de tal forma que a sociedade apareça como o principal ator na gestão da sua profissão e, para o conseguir, devem ser formados engenheiros electrotécnicos integrais, que não só vejam as suas infra-estruturas no espaço, mas que sejam capazes de integrar conceitos como o ambiente, a paisagem, a eficiência energética, a termoeconomia, e sejam capazes de lidar com diferentes alternativas para a solução sustentável de vários processos.

Para o planeamento energético, devem ser encontradas soluções integrais para os problemas de cada território e não soluções supostamente padronizadas, porque a sociedade se desenvolve em diferentes meios com caraterísticas diferentes.

A pouca informação de que os territórios dispõem relativamente à utilização eficiente das potencialidades das FER e às possibilidades de intervenção no espaço, constitui uma limitação a qualquer pretensão territorial de empreender o caminho da autossuficiência, através de um planeamento energético descentralizado, onde se possa incorporar de forma coerente e integrada, toda a gama de serviços energéticos associados às FER.

Considerando as condições acima analisadas e tendo em conta as possibilidades técnicas de que os territórios dispõem atualmente para alcançar um desenvolvimento sustentável e realizar a gestão energética a nível local, é necessário procurar soluções relacionadas com a intervenção comunitária, em questões relacionadas com o planeamento energético e, neste âmbito, os resultados da avaliação dos potenciais renováveis, as possibilidades de utilização do espaço disponível para a implementação dos sistemas, procurando uma ligação estreita com os estudos dos impactos ambientais e a redução das catástrofes naturais.

É necessário adotar um novo conceito metodológico na procura de soluções energéticas sustentáveis, para o qual devem ser criados instrumentos e regulamentos que favoreçam os investimentos nos espaços adequados e em áreas que reúnam as condições, não só da existência de potencial renovável, mas também de natureza geográfica, aplicando os requisitos de ordenamento territorial, em função da determinação dos locais mais adequados para desenvolver os investimentos.

O ordenamento do território deve ser utilizado como técnica administrativa para determinar a ocupação do solo para cada tipo de energia, pois a sua dimensão deve responder à satisfação da procura.

Como resultado da investigação levada a cabo na Universidade Técnica de Manabi, propõe-se o "Sistema de Informação Geográfica para o Desenvolvimento Sustentável" (SIGDES), que se inspira em soluções semelhantes que foram estudadas a nível internacional, tais como: Colômbia com o MODERGIS, onde se determinam as áreas e potencialidades das FER e se valorizam as zonas para o desenvolvimento das tecnologias, tendo em conta parâmetros ambientais, económicos, sociais e culturais, podendo fazer uma aproximação à sustentabilidade territorial (Quijano, Botero, & Dominguez, 2012). Outros estudos realizados em Cuba mostram a necessidade de se realizar pesquisas voltadas para estudos locais e regionais que permitam a mudança para uma matriz energética sustentável.

1.2. O território e a sua relação energética

A província de Manabi está localizada no centro-noroeste do Equador continental, cuja unidade jurídica está localizada na região geográfica do litoral, que por sua vez é dividida pelo cruzamento da linha equinocial. A sua capital é Portoviejo, que foi fundada na sexta-feira, 12 de março de 1535, pelo capitão do exército espanhol Francisco Pacheco.

Tem uma superfície territorial de 18 400 km^2 , sendo a província mais extensa da costa. Limita a oeste com o Oceano Pacífico, a norte com a província de Esmeraldas, a leste com a província de Santo Domingo de los Tsâchilas e Los Rios, a sul com a província de Santa Elena e a sul e leste com a província de Guayas.

A parte central e setentrional do que é hoje a província de Manabi, foi primeiro um reino indígena composto por confederações de tribos e estas ao mesmo tempo por aldeias, para além do solar principal que era o centro motor da parte oriental, nos actuais territórios de Chone, Flavio Alfaro e El Carmen, onde reinava o Reino de Los

Carâs, entidade jurídica que tinha a sua sede e capital na atual Bahia de Caráquez.

No relevo da província predominam as extensas planícies do litoral. Da província de Guayas vem a cordilheira costeira de Chongón-Colonche, que dá origem às serras de Pajân e Puca. As elevações não ultrapassam os 500 metros acima do nível do mar. No cantão de Montecristi, existem cordões isolados das colinas com este nome e das colinas de Leaves. Para norte dirige-se a serra de Balzar, que inclui as serras dos Liberais e da Canoa; daí segue um ramo que se junta às serras de Jama e continua para norte com as serras de Coaque.

O perfil costeiro da província estende-se por 350 km da costa do Pacífico. As caraterísticas geográficas de maior importância são, de norte a sul: a península de Cojimies; os cabos Pasado, San Mateo e San Lorenzo, as pontas Cojimies, Surrones, Brava, Charapotó, Jaramijó, Cayo e Ayampe; as baías: de Cojimies, de Caràquez e de Manta; as enseadas: Jama, Crucita, Cayo ou Machalilla.

A província é privilegiada pelas suas extensões de praias, desde Ayampe, no sul, até Pedernales, no norte, com uma importante atração turística para a região.

O clima varia de tropical seco a tropical húmido e é determinado pelas correntes marinhas; durante o inverno, que começa no início de dezembro e termina em maio, o clima é quente e é influenciado pela corrente quente do El Nino. Pelo contrário, o verão que vai de junho a dezembro é menos quente, graças à corrente fria de Humboldt, embora a temperatura não seja uniforme em toda a província, a média em Portoviejo, a capital, é de 25 ° C e na cidade de Manta, de 23,8 ° C.

A província de Manabi está dividida em 22 cantões. A figura 1 mostra um mapa da província de Manabi com a atual divisão político-administrativa.

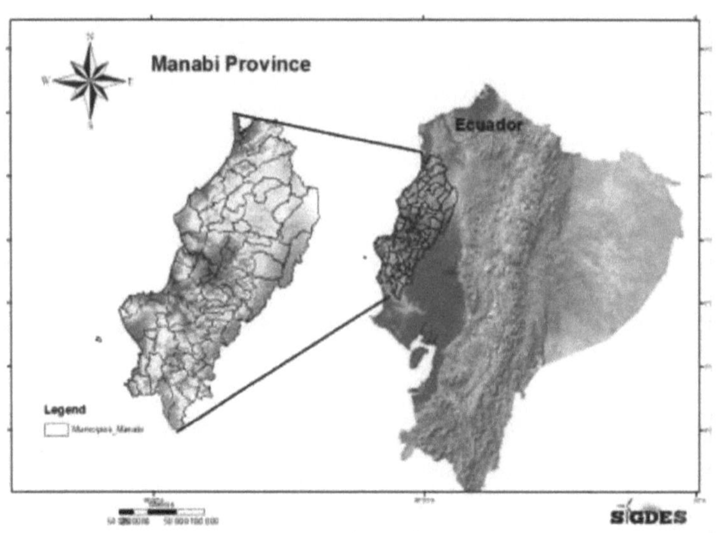

Figura 1. Mapa da província de Manabi com a atual divisão político-administrativa

Fonte: Elaboração própria "Projeto SIGDES" Universidade Técnica de Manabi. A zona mais povoada da província é a zona sul, onde se localiza a sua cidade principal e a cidade portuária de Manta. Tem uma população de 1 395 249 habitantes, sendo a terceira província mais povoada do Equador, com 75,8 habitantes por quilómetro quadrado, com uma taxa de crescimento anual de 1,65%. A idade média da população é de 28,2 anos. O analfabetismo em pessoas com idade igual ou superior a 15 anos é de 10,2% e o analfabetismo digital em pessoas com idade igual ou superior a 10 anos é de 34,3%.

O perfil elétrico da província é caracterizado por ter uma potência nominal de 40,40 MW e uma capacidade efectiva de 32 MW, cobrindo aproximadamente 15,5% da demanda de energia que equivale a 206 MW, com um extenso sistema de linhas de Subtransmissão com 721,91 km, e redes de média e baixa tensão que acumulam 21 679,4 km. Possui ainda 24 subestações de distribuição, 17 576 transformadores, 91 242 luminárias, 212 546 contadores, que satisfazem o serviço a um total de 212 532 clientes (SENPLADES, 2015).

O sistema elétrico caracteriza-se por apresentar uma das maiores perdas do país, principalmente devido às distâncias entre os locais de produção e utilização da eletricidade.

Mais de 5% dos residentes na província não dispõem de serviço de energia eléctrica, correspondendo a pessoas que residem em zonas rurais separadas do sistema nacional interligado, pelo que a eletrificação rural do território de Manabi constitui um desafio importante para a concretização dos objectivos definidos para o bem viver das populações rurais.

Nas atuais diretrizes do programa energético equatoriano, a mudança da matriz energética é chamada a se tornar uma ferramenta política, para o planejamento de trabalhos voltados à mudança da composição da geração de eletricidade com a incorporação de fontes renováveis de energia e garantia de autonomia energética, com o objetivo de consolidar uma base energética de indubitável sustentabilidade (Parrondo & Diez, 2012).

A vontade da mudança centra-se em aproveitar ao máximo o espetacular potencial hidráulico que o país possui; mas tecnicamente terá de olhar para as possibilidades de diversificação do serviço elétrico, com a utilização de outras fontes renováveis que, tal como a hidráulica, apresentam uma disponibilidade formidável, e mesmo em alguns casos superior, como resulta do potencial solar nas zonas costeiras.

1.3. Aplicação GIS

Para a aplicação do sistema de informação geográfica como ferramenta de desenvolvimento energético territorial, toma-se como ponto de partida o trabalho desenvolvido na gestão de fontes de energia renováveis com recurso a um SIG, onde se justifica e viabiliza a capacidade das energias renováveis, para resolver problemas energéticos em comunidades isoladas, podendo ser utilizadas em sistemas de produção de eletricidade a outros níveis e escalas de planeamento, com a implementação de sistemas ligados à rede, representando um passo em frente no caminho para a independência energética e a redução dos impactes ambientais.

Estudos realizados numa central de produção distribuída e onde a penetração de uma central fotovoltaica ligada à rede (Giraudy, Massipe, Rodriguez, Rodriguez, & Vâzquez, 2014), avaliando as vantagens da sua introdução, são tomados como referência no alívio do consumo de petróleo e na estabilidade do serviço elétrico em situações de catástrofe.

Além disso, considera-se a investigação desenvolvida para a substituição de um grupo gerador que funciona a gasóleo numa zona isolada (Millet, Rodriguez, & Espino, 2011). A metodologia proposta descreve as diretrizes para o mapeamento do potencial energético disponível das diferentes fontes e aplicações de energia renovável no território, oferecendo informações espaciais derivadas que reforçam os critérios de planeamento energético desses recursos.

É fornecida uma análise valiosa sobre a ligação de sistemas renováveis à rede, considerando a eficiência à distância da rede eléctrica e a análise económica do custo de investimento.

1.4. Organização territorial e a FRE

O âmbito da gestão das FER, inclui as fontes naturais de partida e a seleção correta do sistema de energia com base na disponibilidade do recurso existente. Estes critérios ajudam a reduzir os custos, criando as condições para a sustentabilidade da tecnologia selecionada, com o objetivo de fornecer serviços de energia baratos e de qualidade, de forma estável e prolongada em novos investimentos.

Baseia-se numa análise realizada na província de Manabi, utilizando uma metodologia de planeamento e selecionando o município de Portoviejo, bem como a disponibilidade do recurso renovável solar e eólico. Neste território poderiam ser efectuados outros estudos relacionados com o potencial de biomassa, hidráulico, resíduos tanto da produção agrícola como da produção industrial, entre outros.

O modelo proposto pode ser visto na Figura 2, onde parte do recurso renovável existente no território selecionado, o que permitirá ao engenheiro eletrotécnico ou aos investigadores que trabalham no planeamento e projectos energéticos, comparar de uma forma abrangente todo o potencial energético existente.

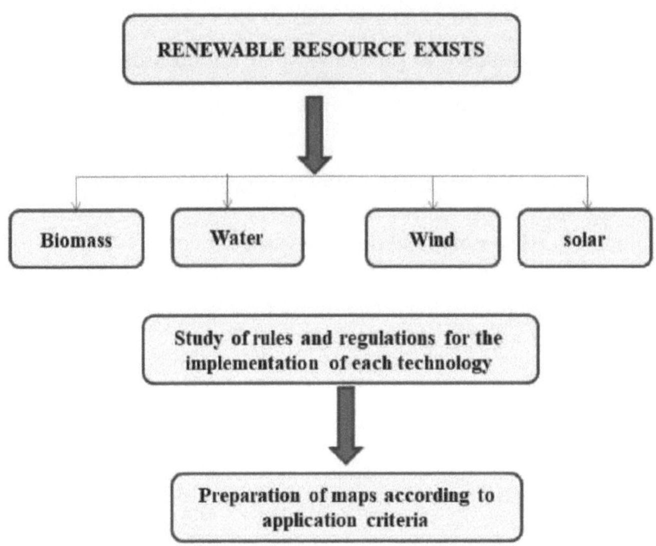

Figura 2. Modelo para o estudo das áreas disponíveis

Fonte: self-made

O desenvolvimento das acções consubstanciadas no esquema da figura 2, permite conhecer detalhadamente as áreas com condições para o investimento, para as quais se aplicam as normas que se implementam no planeamento territorial, tais como: redes eléctricas e subestações que são elementos necessários no investimento, assim como a consideração de outros objectivos presentes no meio e que também devem ser considerados, tais como: estradas, áreas protegidas, rios e suas vertentes, entre outros. Conseguindo no final destes estudos uma aproximação muito próxima da situação real que existe no território, permitindo efetuar investimentos mais seguros e sustentáveis.

Para estudar as potencialidades das FER, tomámos como referência os dados publicados pela: NASA em seu site (nasa-see-monthly-average-wind-data-at- one-degree-resolution-of-the-world) (NASA, 2014), que contém um histórico de 22 anos de dados sobre radiação solar. Se a informação estatística for analisada através de medições específicas, pode obter-se uma previsão mais exacta, desde que seja tomada como referência para comparar e analisar a informação oferecida pela NASA.

Durante as investigações efectuadas na província de Manabi aplicando a metodologia proposta, foi possível obter a informação do potencial solar e eólico do Equador e realizar diferentes estudos à escala provincial, municipal, paroquial, comunitária e de locais específicos. A Figura 3 mostra os mapas da província de Manabi elaborados numa escala cromática onde se destaca uma projeção com o município de Portoviejo, em (A) com potencial solar e em (B) o potencial de velocidade do vento.

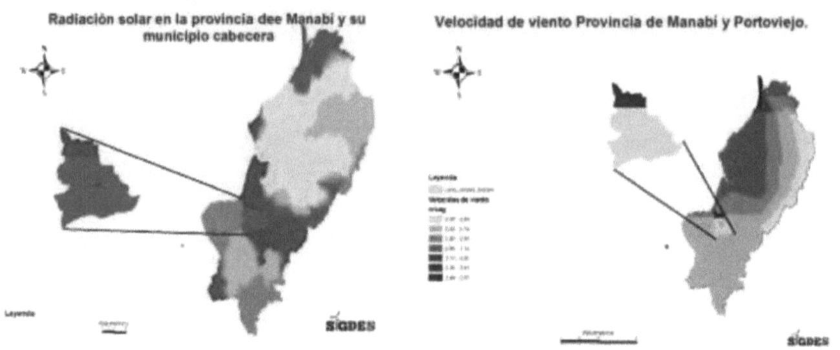

Figura 3. Mapas com a província de Manabi e a representação dos potenciais em (A) solar e (B) velocidade do vento

Fonte: Elaboração própria "Projeto SIGDES[1] " Universidad Tècnica de Manabi

À primeira vista, pode-se observar que o comportamento da velocidade do vento na província não é alto e sua incidência está concentrada principalmente no noroeste, o município de Portoviejo possui apenas uma pequena área onde a velocidade do vento registra uma média diária entre 2,80m / s e 2,95m / s. No entanto, ao considerar a modalidade de geração distribuída e a utilização de aerogeradores de pequeno e médio porte, pode-se afirmar que em alguns pontos existem possibilidades reais de aproveitar a força do vento para obter energia eléctrica, economizando combustível fóssil, melhorando a qualidade do serviço e contribuindo para a redução das emissões de CO_2 para a atmosfera.

---

1 O projeto SIGDES é desenvolvido por um grupo de investigadores da Faculdade de Ciências Matemáticas, Físicas e Químicas da Universidade Técnica de Manabi, focado no desenvolvimento sustentável através do aproveitamento adequado das fontes renováveis de energia e da criação de um instrumento web baseado num sistema de informação geográfico, que fornece informação relevante para a realização de projectos

Por outro lado, verifica-se que em todo o território da província existe um potencial solar adequado para ser utilizado na produção de eletricidade ao longo do ano.

As áreas mais populosas estão localizadas na porção sudoeste do território de Manabi, o que pode sugerir que a melhor opção de investimentos é a de sistemas fotovoltaicos conectados à rede, o que favorece a redução da demanda durante o dia.

Estes são elementos que podem ajudar os engenheiros, investigadores e decisores durante a fase concetual do projeto e, quando se dispuser de dados sobre o potencial de outros recursos, como a biomassa, as marés e os hidráulicos, é possível realizar análises integradas e comparar diferentes alternativas em função da aplicação da mais viável do ponto de vista socioeconómico.

Cada um destes mapas possui uma base de dados do estudo dos potenciais renováveis, com a correspondente interpretação energética, parâmetros que interessam durante os estudos de intervenção no território.

Para obter informação sobre os territórios que possuem condições para a introdução de tecnologias, a aplicação do modelo proposto implica o desenvolvimento de diferentes etapas de trabalho, partindo da existência de potencial e obtendo a informação final para cada local em concreto, com as áreas que reúnem as condições físico-energéticas para a implementação dos sistemas. Este estudo deve iniciar o cumprimento das regras de investimento, analisando-o para cada tipo de fonte renovável e com ele, os interessados podem fazer planos reais centrados numa visão de sustentabilidade, de acordo com as caraterísticas do território, a sua procura, condições sociais e culturais. Também é possível incorporar todos os elementos que se considera que afectam de forma oportuna e que são convenientes para incorporar.

Para realizar os estudos com base nas normas e regulamentos para a implementação de cada fonte de energia, esta será avaliada de acordo com os critérios relacionados com as componentes espaciais envolvidas na sua implementação, especificamente para cada uma delas, onde se incluem as condições territoriais, culturais, urbanísticas e de infra-estruturas, com base em critérios ligados à existência de recursos renováveis e à proteção do ambiente.

A base de dados gerada pode ser apresentada em mapas, que fornecem uma ideia integradora do problema, incorporando uma visão abrangente das caraterísticas das localidades.

A informação permite a elaboração de programas territoriais para áreas específicas, que têm também em consideração os planos com impacto no ordenamento do território e que estão integrados no programa de desenvolvimento das energias renováveis.

A metodologia proposta permite colocar nas mãos de estudantes e investigadores, professores, investidores e decisores, uma ferramenta capaz de fornecer informação processada sobre os locais apropriados para a implementação de tecnologias renováveis, sendo testada para diferentes escalas de trabalho, desde um local pontualmente até ao nível do país.

1.5. A alteração da matriz energética

Em todas as formas, talvez a mais contaminante e degradante do ambiente seja a atual gestão dos recursos energéticos fósseis: extração, produção, transporte e consumo. A maior parte da energia utilizada no mundo provém dos chamados "combustíveis fósseis", que constituem cerca de 80% da energia primária consumida a nível mundial.

No entanto, de acordo com informações do Programa das Nações Unidas para o Desenvolvimento (PNUD), atualmente mais de 2 mil milhões de pessoas não têm acesso a serviços de eletricidade; mil milhões recorrem a fontes economicamente inviáveis (pilhas secas, velas, querosene) para se abastecerem de algum tipo de energia que lhes garanta a cobertura de necessidades vitais como a iluminação e a cozinha e; 2 500 500 milhões de pessoas que vivem nos países em desenvolvimento, principalmente nas zonas rurais, têm um acesso limitado a serviços comerciais de energia (UNIDO, 2010).

O desenvolvimento das FER teve um aumento substancial nos últimos 20 anos com dois objectivos fundamentais: aumentar e melhorar o sistema de produção atual e, o que é mais importante, garantir uma vida sustentável e limpa no planeta.

Na América Latina, são realizados diversos projetos que buscam diversificar a matriz de geração de energia. Diferentes ações são realizadas para melhorar a qualidade da energia em áreas isoladas utilizando alternativas renováveis. Por exemplo: A Colômbia aplicou estudos orientados para o desenvolvimento sustentável de micro redes, juntamente com diversos modelos de negócio de acordo com as condições sociais e económicas (Energreencol, 2014). Outro dos estudos está relacionado com as redes de distribuição, onde mesmo no Equador existem deficiências que afectam os utilizadores, que não satisfazem a qualidade do serviço prestado à população, de acordo com as disposições do plano Bom Viver Nacional (SENPLADES, 2013).

Atualmente, a mudança da matriz energética é um facto no Equador. Espera-se que até ao final de 2017 a energia gerada a partir de fontes renováveis (hidráulica convencional) ultrapasse 50% da geração convencional do país.

No Equador, para a produção térmica, são preferíveis o petróleo e o gasóleo, que são mais caros do que o gás natural ou o carvão. Por conseguinte, o custo de produção é elevado em qualquer das suas variantes, principalmente devido aos elevados preços dos combustíveis (Murillo, 2005).

Na província de Manabi, a produção de eletricidade continua a ser de origem térmica, baseada no uso intensivo de petróleo. Os principais centros de carga (cidades e grandes aglomerados populacionais) estão situados entre 120 e 400 km das centrais hidroeléctricas que constituem a base do sistema de produção, o que resulta numa quantidade significativa de perdas no transporte e distribuição. Atualmente, muitas povoações das zonas rurais são afectadas por irregularidades e pela má qualidade do serviço de eletricidade.

O potencial das FER disponíveis no Equador e especialmente na província de Manabi é adequado para satisfazer a procura existente nas zonas rurais e pode ser utilizado para cobrir o consumo atual de energia e fornecer uma alternativa ambientalmente mais limpa para o futuro.

CAPÍTULO 2. APLICAÇÕES DO MODELO PROPOSTO

2.1. Extensão da rede

Com a política delineada pelo Equador no sentido de sensibilizar para o "bem viver" do socialismo do século XXI, a empresa de eletricidade tem considerado a obtenção de um impacto social relevante através do fornecimento de energia a populações que vivem em zonas rurais afastadas da rede eléctrica. Esta vontade fez com que, em alguns casos, se realizassem projectos de eletrificação rural, que apresentam impactos económicos negativos, dadas as perdas de energia e a baixa qualidade com que o serviço é prestado ao utilizador.

A matriz energética do Equador operou mudanças significativas na sua estrutura e planeou avançar para uma base baseada na geração de energia renovável, aproveitando principalmente o formidável potencial hidráulico do país e o resto das fontes de energia renováveis.

A geração de energia com centrais hidroeléctricas é capaz de regular a frequência e apresenta outras vantagens, mas a sua materialização no serviço deve-se ao sistema centralizado que gera perdas durante a transmissão e distribuição, especialmente no território costeiro equatoriano, onde a distância dos centros de carga até ao local de geração pode ser entre 120 e 400 quilómetros.

A produção hidráulica é normalmente barata, mas isso não justifica que se façam investimentos onde a eficiência é negligenciada e não se adoptam medidas técnicas para reduzir as perdas do sistema elétrico.

Nas comunidades estudadas, a empresa de eletricidade tem cumprido com o serviço de energia eléctrica, estendendo a rede para uso da população, conseguindo um impacto social que tem incentivado a valorização das pessoas que reconhecem o esforço feito pela Revolução Cidadã; mesmo quando o impacto económico não é adequado e onde, apesar do esforço, não se alcançam os resultados esperados em termos de qualidade do serviço.

Nos trabalhos de campo foi possível verificar que nas áreas beneficiárias é prestado um serviço elétrico de baixa qualidade, dada a instabilidade dos parâmetros de tensão e frequência, que têm origem na excessiva extensão da rede eléctrica a partir dos centros de produção hidráulica localizados no centro do país, onde também são reportadas grandes perdas.

As dificuldades acima referidas levaram a que fosse necessário aumentar a manutenção das linhas eléctricas e o investimento em transformadores para reduzir os inconvenientes técnicos, o que aumenta os custos do kWh servido. Tudo isto está relacionado com actividades que podem ter um campo de aplicação prática na empresa CNEL, com um impacto económico específico.

2.2. Materiais e métodos

Para realizar o estudo, visitámos o município de Chone, que se situa na província de Manabi, onde parte do seu território é de relevo montanhoso e as habitações da zona rural estão dispersas. Foram recolhidas informações sobre as distâncias a que a rede eléctrica foi estendida a quatro grupos populacionais dispersos e foram analisados os custos dos elementos que compõem a infraestrutura do serviço elétrico na sua totalidade.

Foi utilizado um sistema de informação geográfica (SIG) para determinar as distâncias da rede de distribuição e para a análise dos potenciais renováveis (solar e eólico). Para o mapa de relevo do Equador foi utilizada informação do modelo digital de elevação (Thermal Emission and Reflection Radiometer (ASTER) Global Digital Elevation Model ASTER GDEM Version 1, onde é feita uma análise da ocupação do solo utilizando as referências WGS84 / EGM96 (GDEM, 2011) A cartografia do Equador utilizada foi descarregada do site de acesso livre do Instituto Geográfico Militar (IGM, 2013).

2.3. Viabilidade económica da rede eléctrica, (comunidades rurais de Chone)

O município de Chone localiza-se na zona do cetro norte da província de Manabi, está dividido em sete freguesias localizadas em zonas montanhosas. A figura 4 mostra a localização geográfica da província de Manabi e do município de Chone, com as suas freguesias.

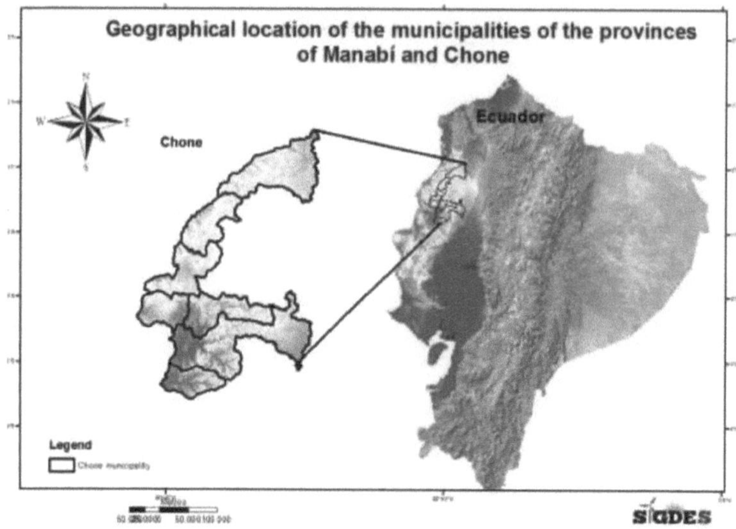

Figura 4. Localização geográfica da província de Manabi e do município de Chone

Fonte: Elaboração própria "Projeto SIGDES" Universidade Técnica de Manabi

O município possui 151 aglomerados populacionais de baixa concentração habitacional; estes encontram-se a diferentes distâncias da rede de sub-transmissão. Atualmente o serviço de energia eléctrica não tem chegado a todas as populações, pois um grupo delas encontra-se em locais isolados de difícil acesso e em zonas dispersas, o que implica que, apesar dos esforços para alcançar o bem-estar da população, se tornou fisicamente impossível levar energia a todo o território através do tradicional sistema nacional interligado.

A figura 5 mostra um mapa de distância das povoações à rede eléctrica de sub-transmissão.

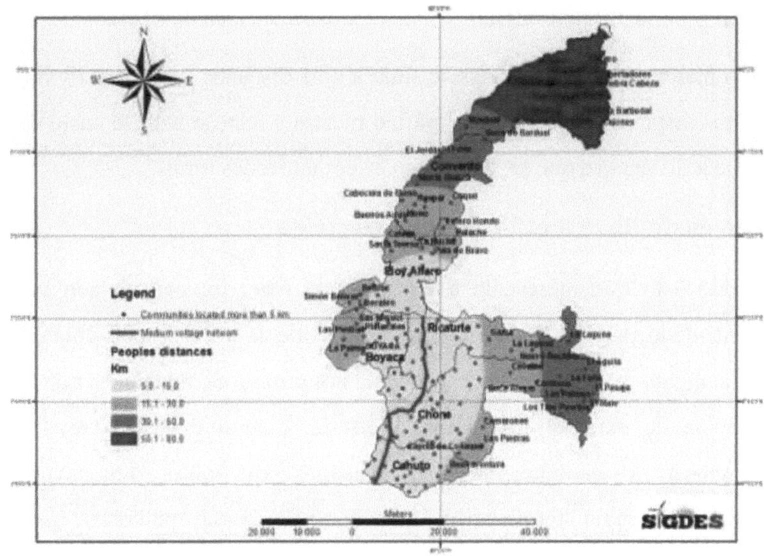

Figura 5. Distância das aldeias à rede eléctrica

Fonte: Elaboração própria "Projeto SIGDES" Universidade Técnica de Manabi A Figura 6 mostra um gráfico onde se pode ver a relação de distribuição dos centros populacionais rurais em função da distância à rede.

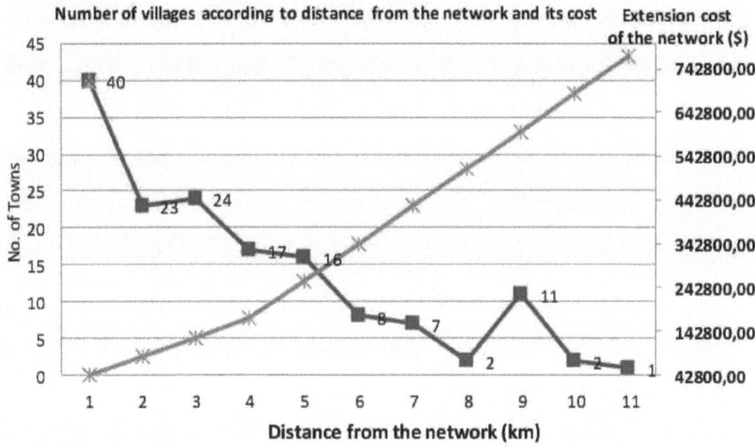

Figura 6. Relação do comportamento do custo de extensão da rede, com a distância

27

Verifica-se que o maior número de aldeias se situa a uma distância inferior a 20 km, mas existem outras dispersas até 90 km. O gráfico mostra a relação entre o custo de extensão da rede e a distância a que se encontram as comunidades rurais

2.4. Análise do custo da extensão da rede eléctrica

Para a análise do custo que representa a extensão da rede, foi considerado um financiamento calculado por km de linha elétrica equivalente a 22 306,00 dólares, observando-se o aumento gradual que se experimenta nos custos, na medida em que se aumenta a distância de extensão das linhas elétricas, pelo que nestes casos é aconselhável analisar a variante de eletrificação com fontes renováveis, especificamente com energia fotovoltaica, que corresponde ao potencial mais abundante e de melhor qualidade na área estudada (Rodriguez et al. , 2016).

No caso do município de Chone, foi analisado o comportamento do custo dos sistemas fotovoltaicos autónomos para a eletrificação rural, onde foi considerado um custo padronizado de € 15,00, que corresponde aos preços das tecnologias fotovoltaicas no mercado (RENOVA, 2015).

Em algumas regiões do Equador, algumas destas instalações já foram realizadas para fins sociais. Um dos estudos foi realizado em Napo (Licuy, 2013), onde foi desenvolvida a análise das demandas de duas habitações típicas, podendo verificar que dependendo do desenvolvimento social e das possibilidades das pessoas que habitam essas zonas, oscila entre 279 W (habitação tipo "A") e 929 W (habitação tipo "B") (Rodriguez et al., 2016).

Realizando um cálculo básico sobre o custo da eletrificação rural com tecnologia fotovoltaica, pode-se definir que para casas do tipo "A" equivaleria a cerca de R$ 4.150,00 e do tipo "B" a R$ 13.935,00.

No gráfico da figura 7 pode observar-se a relação entre o custo da extensão da rede e as duas variantes em que são utilizadas as tecnologias fotovoltaicas.

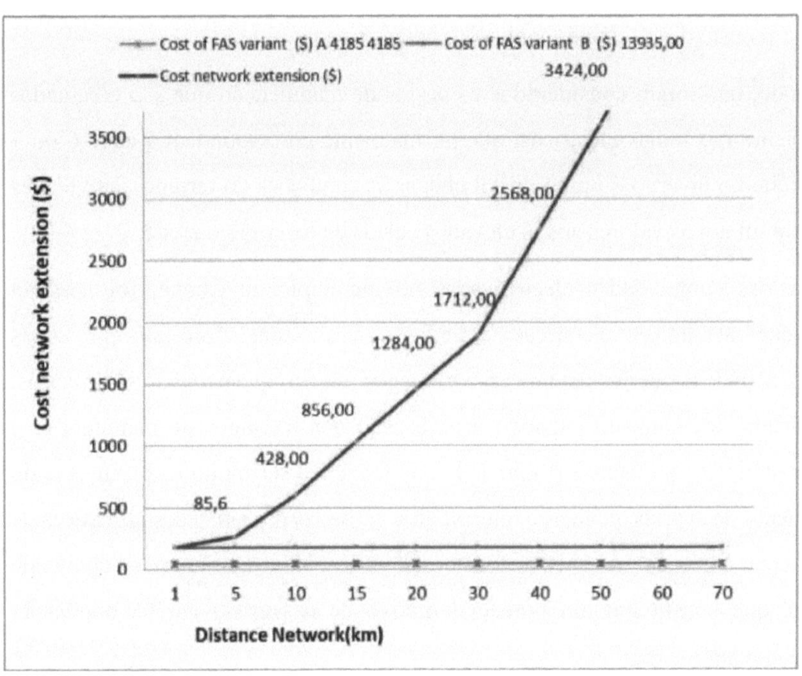

Figura 7. Relação entre o custo da extensão da rede e as duas variantes em que são utilizadas tecnologias fotovoltaicas

Fonte: Elaboração própria "Projeto SIGDES" Universidade Técnica de Manabi

Observa-se que à medida que a distância da rede aumenta, os custos aumentam para a alternativa de extensão da linha eléctrica, por outro lado os custos correspondentes às variantes (A e B) onde são utilizados os sistemas fotovoltaicos autónomos, resultam mais baixos e mantêm-se lineares independentemente da distância da rede eléctrica, demonstrando que são uma alternativa válida para a eletrificação das zonas rurais no município de Chone. Independentemente é importante considerar que para a opção de custos utilizando sistemas fotovoltaicos autónomos, depende da quantidade de habitações em cada uma das comunidades.

Com as análises anteriores, foi feita uma visita a quatro comunidades que se encontravam a diferentes distâncias da rede eléctrica e que já estavam electrificadas através da extensão da rede e foi realizado um estudo de viabilidade técnico-económica para avaliar o custo das variantes analisadas anteriormente.

Para o estudo, não foram considerados os custos de manutenção que são efectuados periodicamente nas linhas eléctricas, que normalmente correspondem a cada 6 ou 7 meses, porque no inverno é muito difícil chegar às condições do terreno, actividades que incorporam novos valores aos já elevados custos de extensão da rede.

Na análise das comunidades electrificadas no município de Chone, foi possível verificar que as linhas eléctricas estendidas atravessam florestas em zonas montanhosas, onde também existem várias passagens de rios que no verão são ribeiros; mas no inverno crescem, dificultando a realização dos trabalhos de manutenção e reparações urgentes, que para esta época do ano tendem a ser muito recorrentes dado o aparecimento de avarias técnicas e interrupções causadas por situações climáticas. A estes problemas acrescem os conflitos técnicos devidos à baixa tensão e à má qualidade do serviço, que constituem um potencial motivo de desagrado para a população residente naquelas zonas.

Os locais estudados são mostrados na tabela 1, como se pode ver as distâncias e os custos representados pela extensão da linha eléctrica são controlados, podendo-se verificar que à medida que se afasta da rede de subtransmissão, os custos tornam-se mais caros, isto sem ter em conta a distribuição para casas diferentes e afastadas umas das outras.

Como se pode ver no mapa de relevo da figura 2, o município situa-se numa região montanhosa, onde o custo das linhas eléctricas se torna mais caro devido à sinistralidade do terreno.

Tabela 1. Sitios estudados no município de Chone e custo de extensão da linha eléctrica

Aldeias	Distância (km)	Custo da extensão da linha eléctrica
Caminho Spondilus	5,2	115.992,50
A dibujada	10	223.062,50
O Pàramo	15	334.593,75

5 Caminos	17	379.206,25
El Espartillal	20	446.125,00

Fonte: Elaboração própria "Projeto SIGDES" Universidad Tècnica de Manabi

Nas comunidades estudadas, as casas estão dispersas umas das outras, pelo que é necessário construir linhas eléctricas independentes, o que torna o sistema mais caro.

2.5. Análise dos custos da tecnologia fotovoltaica

En la tabla 2 se muestra el comportamiento de los costos de las variantes (A) y (B) correspondiente a los sistemas fotovoltaicos, donde se consideron los valores de demanda estudiados en Napo y conociendo que hoy el precio del Watt pico instalado para estos tipos de sistemas es de 15 dólares el Wp. Tabela 2. Comportamento dos custos das variantes "A" e "B" correspondentes a sistemas fotovoltaicos

Aldeias	Não. casas	Custo Variante SFA ("A" 279 Wp) ($)	Custo Variante SFA ("B" 299 Wp) ($)
Caminho Spondilus	7	29.295,00	97.545,00
A dibujada	50	209.250,00	696.750,00
O Pàramo	10	41.850,00	139.350,00
5 Caminos	3	12.555,00	41.805,00
El Espartillal	7	29.295,00	97.545,00

Fonte: Elaboração própria "Projeto SIGDES" Universidad Tècnica de Manabi

Verifica-se que o caso mais crítico corresponde à comunidade sorteada, que tem 50 habitações, onde o custo do investimento fotovoltaico pode ser aumentado pelo número de habitações a eletrificar, sobretudo para a variante "B", quando os sistemas fotovoltaicos são mais caros devido à sua potência; mas na tabela 1 verifica-se que a extensão da linha eléctrica também é muito cara.

Com a entrada em funcionamento dos sistemas fotovoltaicos autónomos, os utilizadores receberão um serviço de energia permanente, sem qualquer interrupção e concebido para a sua procura. A Figura 8 mostra o comportamento da radiação solar média anual para as comunidades rurais de Chone, e verifica-se que os valores vão de 4,1 kWh/m^2 dia a 4,8 kWh/m^2 dia, com um nível de radiação suficiente para cobrir a procura de energia eléctrica na referida zona.

Uma das vantagens da tecnologia fotovoltaica é o facto de poder ser instalada em locais de difícil acesso, sem causar impactos ambientais significativos. Os componentes técnicos destes sistemas são fáceis de transportar, a manutenção não é dispendiosa e os utilizadores podem ser formados em termos de sustentabilidade.

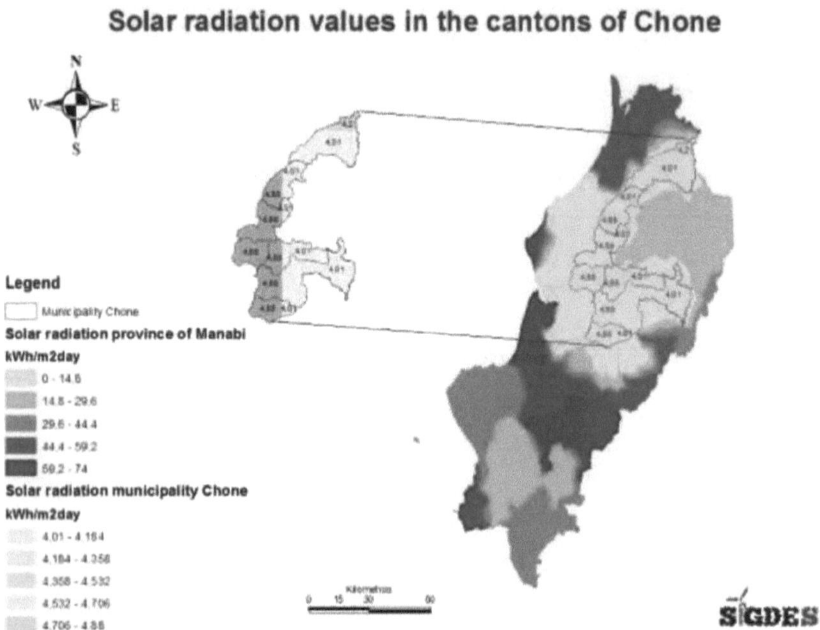

Figura 8. Radiação solar diária média anual que afecta os cantões de Chone

Fonte: Elaboração própria "Projeto SIGDES" Universidad Tècnica de Manabi

2.6. Avaliação do potencial de velocidade do vento

Outro trabalho está relacionado com a avaliação do comportamento da velocidade do vento no concelho de Chone. Na figura 9, apresenta-se o mapa da velocidade média anual do vento do território estudado, podendo-se verificar que existem zonas povoadas situadas em locais onde existe uma velocidade média anual do vento, que permite o seu aproveitamento através da instalação de aerogeradores, capazes de gerar eletricidade e satisfazer a procura existente de forma distribuída.

Os estudos e as avaliações realizadas demonstram a viabilidade da utilização da energia solar e eólica, para a produção de eletricidade em todo o município de Chone, especialmente nas zonas rurais de difícil acesso, onde é mais conveniente, do ponto de vista técnico-económico, utilizar tecnologias renováveis que prolongam a linha eléctrica.

Os dados analisados permitem definir a conveniência de desenvolver projectos para estudar o potencial das fontes renováveis no território do município, com o potencial de obter informações relevantes que facilitem o planeamento energético sustentável do território.

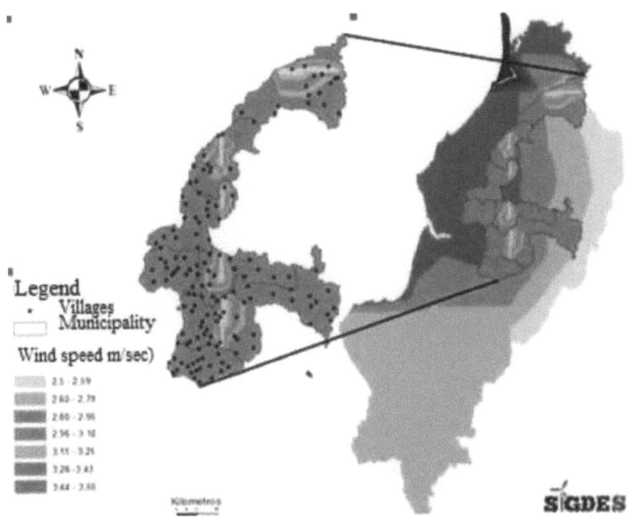

Figura 9. Mapa da velocidade média anual do vento no território do município de Chone

Fonte: Elaboração própria "Projeto SIGDES" Universidad Técnica de Manabi

2.7. Considerações gerais

Para as localidades que se encontram a distâncias consideradas da rede eléctrica, poderiam ser feitas análises exaustivas dos potenciais renováveis, não só solar e eólico,

33

mas também biomassa, hidráulico, entre outros, que permitam a implementação de alternativas de eletrificação sustentáveis.

Quando se faz uma análise da investigação, pode definir-se que não é viável, do ponto de vista técnico-económico, a extensão da linha eléctrica e que existem outras soluções que podem ser economicamente empreendidas, aproveitando as fontes renováveis de energia nas áreas isoladas.

Com base no mapa do potencial solar médio anual do município de Chone, bem como da velocidade média anual do vento, podem ser efectuados estudos a nível local, que facilitem a mudança da matriz energética, através da utilização adequada das fontes de energia renováveis, que são recursos endógenos dos territórios.

CAPÍTULO 3. GESTÃO DA ELECTRICIDADE NA ZONA RURAL DO CANTÃO DE CHONE

3.1. Materiais e métodos utilizados na investigação

Para o estudo, foi possível recolher informações divulgadas através de diferentes meios e canais de informação sobre o serviço de eletricidade na província de Manabi, sobretudo no Cantão Chone, sobre as comunidades e residências que ainda não estão electrificadas, as interrupções que ocorrem nas linhas de distribuição, além da qualidade da energia que chega aos utentes principalmente nas zonas rurais electrificadas através da extensão da rede eléctrica.

O sistema de informação geográfica foi utilizado para conhecer a localização das comunidades rurais do município de Chone e a radiação solar que as afecta, a fim de determinar a possibilidade de introduzir sistemas fotovoltaicos para diferentes aplicações de eletrificação entre as quais se encontram: ligação à rede, sistemas autónomos de eletrificação rural e sistemas autónomos de bombagem de água.

Para a informação cartográfica, foi utilizada a publicada na página web à escala regional 1: 250.000, versão de janeiro de 2013. Camadas básicas de informação geográfica do IGM de acesso livre (IGM, 2013). (codificação UTF-8, estas camadas ajudaram no decorrer da análise referente às áreas que estão próximas das populações e que apresentam um potencial renovável que pode ser explorado.

Para o estudo do potencial solar, foi utilizada a informação das bases de dados publicadas na página web da NASA (Whitlock, 2000) e foi revista a informação de trabalhos que utilizaram os dados publicados neste sítio para realizar estudos sobre os potenciais das fontes renováveis, tendo sempre em conta que a informação de satélite pode não ser fiável se não se integrar a análise dos parâmetros climatológicos dos locais onde se realiza o estudo. Nesta análise, não trabalhamos com dados medidos em terra, apenas com informação de satélite, o que nos permite adquirir uma boa aproximação da interpretação energética das medições de radiação solar e vento, facilitando o cálculo e estudo para a execução de investimentos em sistemas fotovoltaicos

3.2. Estudo inicial

As FER podem fornecer eletricidade suficiente de uma forma sustentável, fiável e limpa, com o objetivo de alcançar uma diversificação sustentável da atual matriz energética baseada nos combustíveis fósseis.

Especialmente a energia fotovoltaica em áreas com bom potencial solar pode ser implementada por sistemas ligados à rede, como um apoio ao sistema centralizado, a fim de melhorar a qualidade do serviço, reduzir as perdas, poupar combustíveis fósseis e reduzir o impacto ambiental derivado da produção de eletricidade.

As instalações fotovoltaicas podem também ser implementadas para apoiar a satisfação da procura derivada da criação de novas empresas e serviços locais nas zonas com um número significativo de população, ao mesmo tempo que podem ser utilizadas para chegar com o serviço elétrico a comunidades rurais afastadas da rede eléctrica, onde a extensão do serviço pela via convencional não se justifica do ponto de vista económico.

A energia solar fotovoltaica também oferece possibilidades de soluções para o acesso à água através da instalação de aquedutos alternativos, bem como em áreas de irrigação e locais de abeberamento do gado em zonas rurais. Os sistemas fotovoltaicos também têm sido utilizados com boas experiências para assegurar o serviço de eletricidade em instalações sociais em zonas rurais.

Dentro das limitações fundamentais para a aplicação alargada da tecnologia podem apontar-se os elevados custos com que os sistemas eram cotados há anos atrás; mas atualmente o mercado fotovoltaico, liderado pela China, oferece preços muito competitivos com qualquer uma das tecnologias de geração que têm sido tradicionalmente utilizadas. A principal vantagem do ponto de vista económico reside nos custos operacionais muito baixos, uma vez que são capazes de gerar eletricidade com um custo virtual igual a zero para combustível, lubrificantes e outros insumos. E sua principal vantagem ambiental em relação a outras tecnologias, uma vez que os níveis de poluição são considerados depreciáveis nas instalações que são realizadas no modo de geração distribuída.

O planeamento do bem viver (2013-2017) no Equador (SENPLADES, 2013) assenta num princípio fundamental que consiste em melhorar as condições de vida da cidade e do campo, oferecendo serviços energéticos de qualidade e promovendo a diversificação da matriz energética com base na utilização dos potenciais renováveis existentes no território.

Uma das medidas a favor da investigação é o apoio político à introdução de tecnologias baseadas na utilização de FER, que podem ser introduzidas mais rapidamente do que qualquer outra tecnologia, como refletido no plano diretor do Equador (CONELEC, 2009), permitindo assim a preservação do estado atual do ecossistema.

Para realizar o estudo de fiabilidade, partimos do conhecimento das interrupções que se verificam atualmente na província, mas fundamentalmente da má qualidade do serviço nas zonas rurais, onde por diferentes razões técnicas, entre as quais se destacam as perdas, a energia que chega aos Utilizadores não tem a qualidade requerida em relação à baixa tensão e frequência da rede. Por outro lado, durante os meses de inverno, que representam 50% do ano, as interrupções do serviço ocorrem com frequência, devido ao facto de as linhas eléctricas atravessarem zonas arborizadas, onde os ventos provocam rupturas de cabos e quedas do poste, onde os trabalhos de restabelecimento do serviço apresentam atrasos devido ao mau estado das estradas nesta época do ano.

3.3. Análise das soluções possíveis

Propõe-se como resultado do trabalho um modelo de planeamento que permite o estudo energético da zona, como fase preliminar do processo de planeamento e tomada de decisão para a solução dos problemas técnicos associados à baixa qualidade do serviço elétrico, ao aumento da procura e à eletrificação rural.

A versatilidade metodológica do modelo proposto permite a sua utilização para a realização de estudos e avaliações em locais com dificuldades e faz parte do impacto negativo que a baixa qualidade do serviço elétrico implica, com as falhas de interrupção e baixa tensão da rede, provocando afectações nos equipamentos eléctricos, que em alguns casos se danificam, com um impacto económico negativo para os utilizadores que não vêem melhoradas as suas condições de vida. Noutros casos, o aumento da procura em zonas afastadas dos centros electroprodutores pode levar a um aumento gradual das perdas e à deterioração da qualidade dos parâmetros técnicos da rede, apesar de outras soluções baseadas na aplicação de dispositivos técnicos que visam garantir a tensão e a estabilidade da rede, em alguns casos a solução final pode ser conseguida através da introdução de uma fonte de produção de apoio ao sistema centralizado.

A modelação inclui a análise integrada de diferentes variáveis técnicas entre as quais se destacam: seleção da área de estudo; análise da procura de energia com o estudo e avaliação da carga; avaliação da qualidade de serviço e estado técnico das redes; estudo da viabilidade económica com a análise do custo da eletrificação por diferentes fontes; avaliação do estado técnico das vias de acesso; avaliação da importância socioeconómica da área de estudo; estudo e avaliação do potencial das FER; análise das tradições culturais da área em estudo e; avaliação da capacidade financeira para realizar os investimentos; entre outras questões. A Figura 10 mostra o modelo proposto.

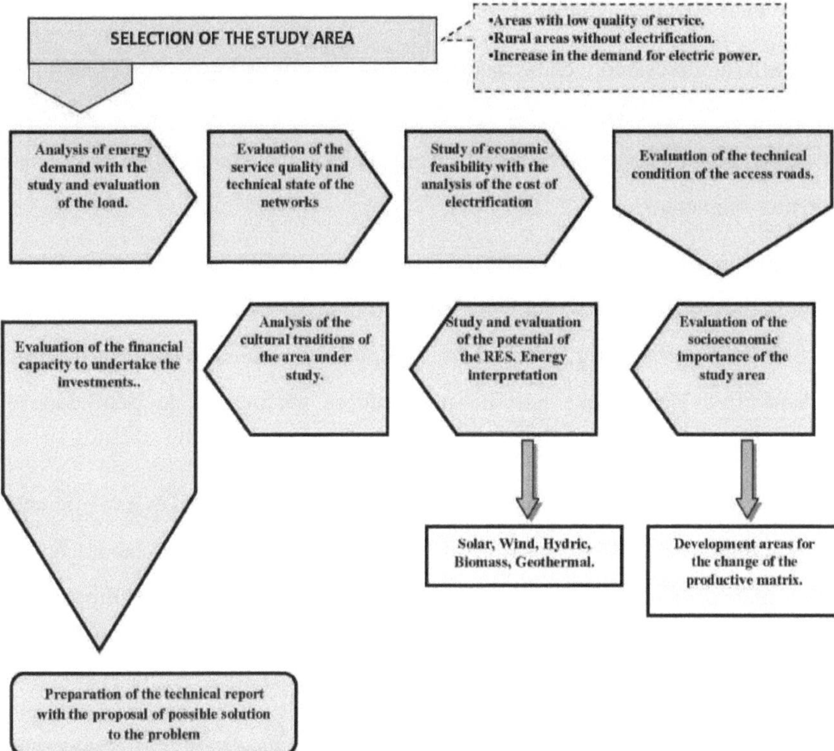

Figura 10. Modelo de planeamento energético sustentável para zonas com baixa qualidade de serviço elétrico e eletrificação rural

a) O desenvolvimento do modelo começa com a seleção da área de estudo, que deve resultar da análise das zonas que apresentam dificuldades com a qualidade do serviço elétrico, comunidades rurais ou habitações isoladas que não dispõem de serviço elétrico ou como consequência de uma nova procura ou aumento desta.

b) Uma vez selecionada a área de estudo, procede-se à análise da procura de energia existente e ao estudo e avaliação da carga, onde se estuda e aprofunda o estudo nos principais centros consumidores de eletricidade, definindo o peso que estes representam para o serviço. O estudo deve ser feito especificando os dados de consumo de eletricidade em diferentes horários, mas principalmente durante o dia, quando a energia solar está disponível para ser utilizada. É feito um diagnóstico geral sobre o consumo de eletricidade e a eficiência energética.

c) Uma avaliação do estado técnico das redes, dos transformadores e dos isoladores, caso existam, e da qualidade do serviço. Para o efeito, a medição da tensão e da frequência no ponto de consumo de energia é efectuada durante um período prudencial em diferentes momentos.

d) É realizado um estudo de viabilidade técnico-económica sobre os investimentos que podem ser feitos para resolver o problema. Neste, é analisado se é necessário introduzir uma nova fonte de geração ou se o problema só pode ser resolvido com a adição de algum dispositivo técnico que permita melhorar os parâmetros de fiabilidade e qualidade da rede.

e) Procede-se à avaliação do estado técnico das vias de acesso ao local que se pretende assistir tecnologicamente, obtendo-se a informação necessária para a elaboração do plano de manutenção tecnológica. Deve-se considerar que durante a fase climática de inverno com a ocorrência de chuvas, alguns sítios em áreas rurais ficam praticamente incomunicáveis.

f) O modelo prevê a avaliação da importância socioeconómica da área em estudo, uma vez que procura conciliar as prioridades estabelecidas nos planos estatais, no sentido de dinamizar o desenvolvimento de determinadas áreas ou sector do país, embora o propósito central se centre em garantir a melhoria das condições de vida da população, conforme previsto no Plano Nacional do Bem Viver 2013-2017 (SENPLADES, 2013).

g) O estudo e a avaliação do potencial das FER (Solar, Eólica, Hídrica, Biomassa e Geotérmica) é um dos trabalhos que pode oferecer um elevado nível de contribuição técnica em função das soluções possíveis. Trata-se de identificar a disponibilidade de utilização das fontes renováveis existentes na área estudada e de definir a possível introdução de tecnologias de produção de eletricidade. Ao mesmo tempo, é feita a interpretação energética dos dados de satélite e de outras informações meteorológicas disponíveis. No final do estudo, deve ser obtido um cálculo aproximado da energia que pode ser gerada a partir da utilização de fontes renováveis.

h) Simultaneamente, prevê-se uma análise das tradições culturais da zona em estudo, uma vez que qualquer intervenção energética que se efectue deve observar o maior respeito pelas tradições culturais e ancestrais das comunidades.

i)   Em muitos casos, qualquer uma das soluções para os problemas energéticos, transita por um processo que é limitado pela falta de financiamento, pelo que na aplicação do modelo proposto espera-se efetuar a avaliação da capacidade financeira para realizar investimentos. Os resultados destes estudos permitem-nos analisar as diferentes alternativas de procura de financiamento, para efetuar os investimentos necessários para resolver os problemas colocados.

j) No final dos trabalhos, está prevista a elaboração do relatório técnico com a proposta de soluções possíveis, devidamente argumentadas e assinadas pelo especialista responsável pela realização da atividade

O desenvolvimento e a implementação do modelo permitirão pôr em prática um conjunto de conceitos associados ao planeamento energético sustentável, onde se considera com especial atenção a possibilidade de resolver os problemas decorrentes da utilização dos recursos endógenos do território e que também se podem implementar medidas de redução do impacto ambiental derivado dos serviços energéticos.

3.4. Caracterização da área de estudo

O cantão de Chone constitui o primeiro território onde foi efectuada a aplicação parcial do modelo proposto, o que permite validar uma parte importante da viabilidade do novo modelo de ordenamento.

Na zona de Chone foi realizado um estudo preliminar para a análise económica da viabilidade da extensão da rede elétrica, demonstrando que para distâncias superiores a 5 km em zonas rurais não se justifica a extensão da rede elétrica (M Rodriguez G. , Washington, Antonio, & Saltos, 2016) por várias razões, entre as quais se destacam: o elevado custo da extensão da rede em zonas rurais; o aumento das perdas com potencial para piorar a qualidade do serviço elétrico nos parâmetros técnicos de tensão e frequência da rede; as dificuldades que surgem para garantir a manutenção da rede, bem como a solução das interrupções devido ao mau estado das vias de comunicação nas referidas zonas; entre outras. Motivo que leva à procura de alternativas renováveis que resolvam os problemas levantados.

A figura 11 mostra a área onde a extensão da rede é viável, tanto do ponto de vista económico como técnico, bem como as comunidades que se encontram a mais de 5 km da rede onde se encontra o serviço. Torna-a instável, pois verificou-se que para além desta distância a fiabilidade e qualidade do serviço não é garantida, resultando num custo de investimento para a eletrificação dos referidos territórios.

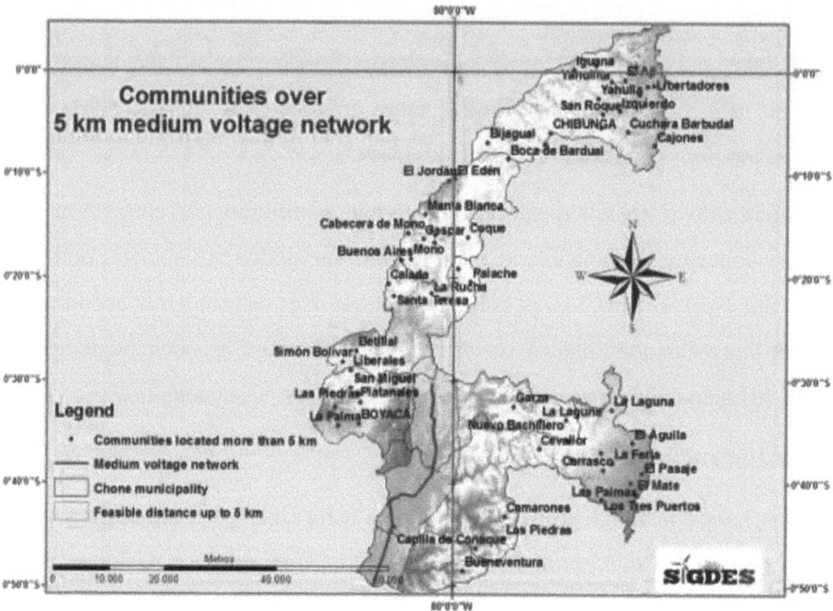

Figura 11. Comunidades a mais de 5 km da rede

A Figura 12 mostra um mapa em escala cromática com os resultados do estudo relacionados com a distância das comunidades à rede eléctrica. Verifica-se que a maioria delas se encontra a mais de 5 quilómetros da rede, algumas a 80 quilómetros, onde não se justifica económica nem tecnicamente a extensão do serviço

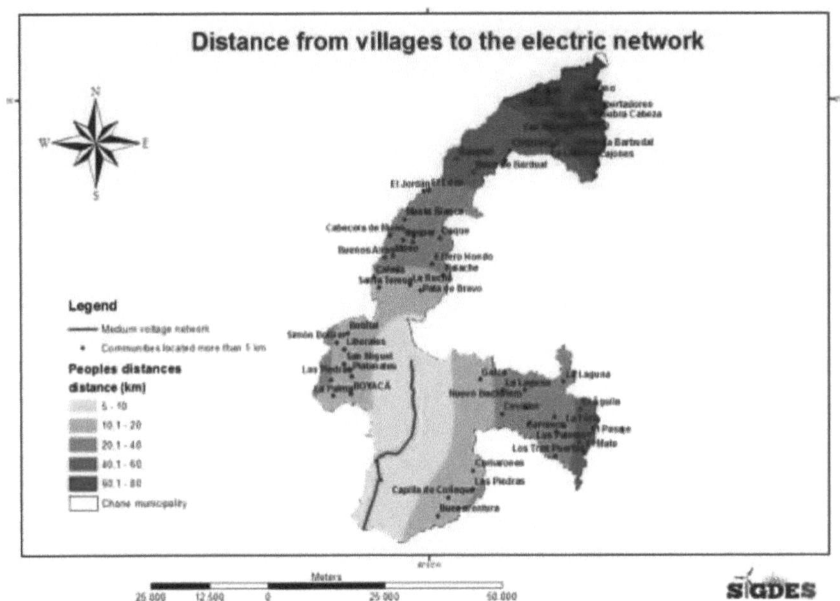

Figura 12. Distância das comunidades de Chone à rede eléctrica

O gráfico da figura 13 mostra o número de comunidades de acordo com a distância da rede eléctrica acima de 20 e até 80 quilómetros, algumas delas estão electrificadas e outras ainda não estão electrificadas. Todas estas comunidades totalizando 63, constituem um potencial para o estudo em termos de gestão de medidas de planeamento energético sustentável com base no uso das FER e especialmente avaliar a tecnologia fotovoltaica com o objetivo de apoiar a melhoria da qualidade do serviço nas comunidades que já estão electrificadas, bem como realizar a eletrificação nos casos que não têm o serviço, cumprindo as disposições do Plano Nacional do Bem Viver 2013-2017 (CONELEC, 2009).

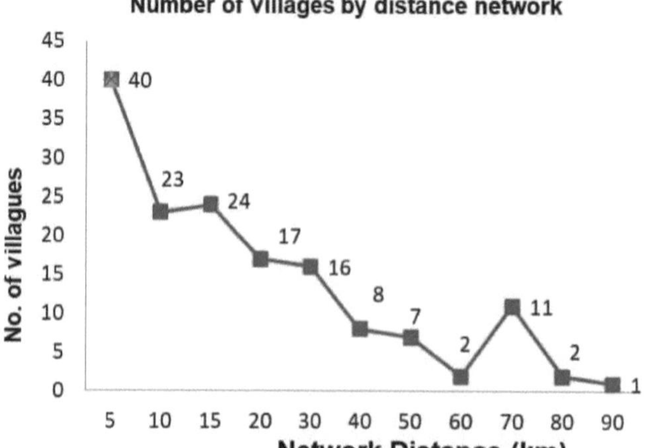

Figura 13. Número de comunidades em função da distância da rede

Durante o estudo anterior, foi feita a primeira avaliação do potencial solar na província e foi possível saber que Manabi é um dos países com maior nível de radiação solar do país em média anual, podendo afirmar que a radiação solar incidente em Cantão Chone, permite o desenvolvimento da tecnologia fotovoltaica em grande escala, garantindo resultados energéticos adequados.

A tabela 3 mostra a base de dados da radiação solar média anual e mensal e o seu comportamento nas diferentes freguesias de Chone Canton.

Tabela 3. Base de dados da radiação solar média anual por meses, durante um período de 11 anos

Paróquias	Média diária Anual (kWh/m² dia)	Promedio diario mensual.											
		Ano	Fev	março	abril	Mayo	junho	Júlio	Agost	setembro	outubro	Nov	Dic
Boyaca	4,880	5,300	5,240	5,920	5,810	5,260	4,080	4,000	4,230	4,490	4,540	4,630	5,050
Canuto	4,880	5,300	5,240	5,920	5,810	5,260	4,080	4,000	4,230	4,490	4,540	4,630	5,050
Canuto	4,010	3,960	4,300	4,730	4,500	3,930	3,570	3,620	4,020	4,100	3,810	3,760	3,780
Chibunga	4,010	3,960	4,300	4,730	4,500	3,930	3,570	3,620	4,020	4,100	3,810	3,760	3,780
Chibunga	4,200	4,240	4,430	5,000	4,800	4,220	3,730	3,870	4,060	4,210	3,980	3,810	4,070

Chone	**4,880**	5,300	5,240	5,920	5,810	5,260	4,080	4,000	4,230	4,490	4,540	4,630	5,050
Chone	**4,010**	3,960	4,300	4,730	4,500	3,930	3,570	3,620	4,020	4,100	3,810	3,760	3,780
Convento	**4,880**	5,300	5,240	5,920	5,810	5,260	4,080	4,000	4,230	4,490	4,540	4,630	5,050
Convento	**4,010**	3,960	4,300	4,730	4,500	3,930	3,570	3,620	4,020	4,100	3,810	3,760	3,780
Eloy Alfaro	**4,880**	5,300	5,240	5,920	5,810	5,260	4,080	4,000	4,230	4,490	4,540	4,630	5,050
Eloy Alfaro	**4,010**	3,960	4,300	4,730	4,500	3,930	3,570	3,620	4,020	4,100	3,810	3,760	3,780
Ricaurte	**4,880**	5,300	5,240	5,920	5,810	5,260	4,080	4,000	4,230	4,490	4,540	4,630	5,050
Ricaurte	**4,010**	3,960	4,300	4,730	4,500	3,930	3,570	3,620	4,020	4,100	3,810	3,760	3,780

Fonte: Elaboração própria

Os resultados do estudo permitem verificar que, como média anual, a radiação solar no Cantão de Chone se comporta entre 4.010 kWh/m2 dia e 4.880 kWh/m^2 dia, este potencial é adequado para pensar em qualquer uma das variantes de aplicação tecnológica visando o aproveitamento da energia solar, quer através da eletrificação de comunidades rurais com a implementação de micro-redes, quer da eletrificação de habitações isoladas, bem como de sistemas ligados à rede com o objetivo de melhorar a qualidade do serviço e reduzir perdas, para além de outras aplicações em sistemas de bombagem de água.

Todas as variantes tecnológicas devidamente aplicadas em resultado da aplicação do modelo proposto, podem melhorar as condições técnicas em que o serviço elétrico é atualmente prestado nas referidas zonas, diminuindo as reclamações dos utentes por não conformidades relacionadas com o serviço,

Os resultados obtidos podem promover soluções alternativas reais para a gestão da qualidade, eficiência e poupança de energia, principalmente em zonas isoladas.

CAPÍTULO 4. OUTRAS APLICAÇÕES NO SECTOR RURAL

4.1. Análise preliminar das zonas rurais da freguesia de Colón. Pachinche Adentro e Maconta Adentro

As comunidades que não dispõem de eletricidade encontram-se, na sua maioria, em locais intrincados, montanhosos e de difícil acesso. Em muitos destes casos, a ligação à rede eléctrica é uma opção economicamente inviável, devido ao custo da ampliação da infraestrutura técnica. No entanto, a produção de eletricidade a partir de fontes de energia renováveis torna-se uma solução com grande potencial económico e tecnicamente viável, com capacidade para oferecer um serviço de qualidade e eficiente.

A vontade política do Bem Viver manifestada pela sociedade equatoriana, passa pela extensão da eletrificação a todos os cantos do território. O acesso a serviços de eletricidade de qualidade representa um elemento chave na luta contra a pobreza, a marginalização, a insalubridade, o analfabetismo, bem como o bem-estar das pessoas.

Por outro lado, é importante ressaltar que para qualquer país do mundo é impossível construir a sustentabilidade, a partir de uma matriz energética tradicional, centralizada e enraizada no uso de combustíveis fósseis.

Apesar de, a nível internacional, a poluição ambiental ter começado a tomar consciência dos danos causados à saúde humana pela utilização de combustíveis tradicionais como o petróleo e do papel que as fontes de energia renováveis (FER) podem desempenhar na mitigação destes problemas e na preservação dos recursos naturais, continua a verificar-se uma resistência por parte das instituições ligadas ao sector elétrico equatoriano, em pôr em prática uma vontade forte que incentive a introdução massiva da energia fotovoltaica. Mesmo no sector académico é difícil encontrar espaços que permitam o desenvolvimento de projectos de investigação que visem a introdução massiva destas tecnologias.

A resistência em aceitar e promover a introdução massiva da tecnologia fotovoltaica pode ter a sua origem, no desconhecimento que os especialistas do sector elétrico têm sobre as suas vantagens, a nível energético, económico, ambiental e social. Estes factores influenciam significativamente as decisões políticas relacionadas com a aplicação massiva de tecnologias fotovoltaicas, como elemento associado à diversificação da matriz energética.

A geração de base na província de Manabi depende do uso de petróleo através de um sistema centralizado que é ineficiente e muito caro. Isto supõe uma influência limitadora no nível de acesso à eletricidade para as zonas rurais distantes dos centros de geração, onde é muito caro estender a rede eléctrica e manter o serviço com alta qualidade.

A companhia eléctrica tem envidado esforços para levar o serviço elétrico às zonas rurais, para o que levou a cabo a expansão da rede eléctrica. No entanto, em alguns casos, a extensão longitudinal da rede e apesar da utilização de várias tecnologias destinadas a garantir um serviço de qualidade, este último objetivo não foi alcançado, gerando inconvenientes para os utilizadores.

A energia fotovoltaica tem a capacidade de garantir um serviço elétrico de qualidade em zonas isoladas, onde não é viável a extensão da rede eléctrica tradicional; mas a aplicação da tecnologia requer estudos prévios para definir o potencial energético da tecnologia, onde é necessário conhecer o potencial solar que incide no local onde será instalado o sistema fotovoltaico.

Atualmente em algumas zonas rurais da paróquia de Colón, Pachinche Adentro e Maconta Adentro, dispõem de serviço elétrico; mas de baixa qualidade e em alguns lugares mais intrincados não dispõem de tal serviço. Também não se possuem os dados do estudo do potencial solar destas zonas, de modo que se possam realizar os estudos para a penetração da tecnologia fotovoltaica para resolver os problemas que surgem com o serviço elétrico.

A investigação pretende posicionar um resultado que sirva para justificar a implementação massiva, na província de Manabi, de sistemas de energia solar, que podem reduzir a procura de eletricidade e injetar energia na rede, poupando recursos naturais e reduzindo o impacto ambiental causado pela geração de energia eléctrica, podendo melhorar a qualidade e fiabilidade do serviço.

Através destes espaços, procura-se promover a investigação sobre questões relacionadas com o bem-estar e a qualidade de vida da sociedade nas comunidades rurais, e reforçar o sistema elétrico para satisfazer a procura de eletricidade. O objetivo é criar as condições para a preparação de especialistas no sector elétrico do território nos temas relacionados com a energia fotovoltaica, bem como na formação dos futuros engenheiros electrotécnicos que se formam na Universidade Técnica de Manabi.

4.2. Resultados do inquérito

4.2.1. Resultados do inquérito à população

No inquérito efectuado aos habitantes das comunidades rurais de Pachinche Adentro e Maconta Adentro da paróquia de Colón, obtiveram-se os seguintes resultados

a)   Mais de 70% dos inquiridos classificam o serviço de eletricidade que recebem com uma qualidade entre média e muito baixa. Afirmam, sobretudo, que a tensão é instável e baixa, para além das interrupções, que se agravam quando chega o inverno com as chuvas. Mais de 60% dos inquiridos consideram que os problemas da qualidade do serviço elétrico poderiam ser melhorados através da introdução de tecnologias fotovoltaicas.

b)   80% das pessoas inquiridas afirmaram que a energia solar pode contribuir para a preservação dos recursos naturais e para a redução das emissões de CO_2 para a atmosfera, uma vez que se trata de reduzir a utilização de petróleo para a produção de eletricidade.

c)   60% dos inquiridos reconheceram que a energia eléctrica produzida com tecnologia fotovoltaica é menos dispendiosa do que a produzida com petróleo.

d)   Mais de 70% dos inquiridos consideraram que a introdução da energia fotovoltaica nas comunidades pode contribuir para uma maior poupança de energia, uma vez que as pessoas teriam uma maior consciência para passarem de simples consumidores a geradores da sua própria energia.

e)   Mais de 75% dos inquiridos consideram que existe um potencial solar adequado na área para a produção de eletricidade e que a tecnologia fotovoltaica não oferece qualquer perigo ou risco para a comunidade; pelo contrário, representa uma força, uma vez que nas catástrofes naturais, quando o sistema nacional interligado entra em colapso, a tecnologia fotovoltaica pode continuar a gerar, porque não precisa de ser reabastecida.

4.2.2. Estudo do potencial solar

Durante a investigação foi analisado o potencial solar médio anual que afecta a província de Manabi. A Tabela 4 mostra a informação estatística do potencial solar médio anual e por meses do ano na província.

Tabela 4. Dados estatísticos da radiação solar média anual da província de Manabi

Conceito	Média anual	Jan...	Fev.	Mar.	abril.	maio.	Jun.	Jul.	Ago.	Set.	Out.	Nov.	Dic.
	(kWh/m² dia)												
Potencial solar média diária anual	4,601	4,982	4,977	5,526	5,409	4,867	3,93	3,753	4,056	4,312	4,269	4,367	4,758

Fonte: Elaboração própria com dados do projeto SIGDES

Uma vez compilada a informação do potencial solar médio anual da província de Manabi pode definir-se que, no cantão de Portoviejo, a radiação solar apresenta uma relativa variação durante o ano, dada a localização latitudinal do território em relação ao movimento aparente do Sol e as próprias condições climáticas que se verificam, isto permitiu realizar o cálculo do potencial solar no território e especialmente na paróquia Colón e nas comunidades Pachinche Adentro e Maconta Adentro. Na tabela 5 apresentam-se os dados estatísticos relativos ao potencial solar médio anual na área de estudo.

Tabela 5. Radiação solar média anual

Conceito	Média anual	Jan...	Fev.	Mar.	abril.	maio.	Jun.	Jul.	Ago.	Set.	Out.	Nov.	Dic.
	(kWh/m dia)												
Cantão Portoviejo	4,850	5,385	5,270	5,865	5,775	5,235	4,085	3,830	4,115	4,430	4,470	4,610	5,135
Comunidade Colón	4.820	5.470	5.300	5.810	5.740	5.210	4.090	3.660	4.000	4.370	4.400	4.590	5.220
Comunidade rural Pachinche Adentro	4.820	5.470	5.300	5.810	5.740	5.210	4.090	3.660	4.000	4.370	4.400	4.590	5.220

Comunidade rural Maconta Adentro	4.790	4.910	5.010	5.810	5.750	5.180	4.080	4.090	4.210	4.390	4.610	4.610	4.790

Fonte: Elaboração própria com dados do projeto SIGDES

Na figura 15 mostra-se o mapa à escala cromática com o potencial solar médio diário anual na província de Manabi com os seus municípios.

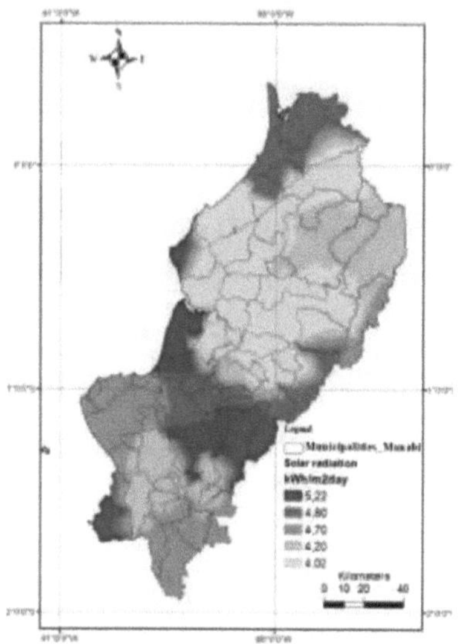

Figura 14. Mapa do potencial solar médio diário anual

A Figura 16 mostra o mapa à escala cromática com o potencial solar médio diário anual do cantão de Portoviejo, onde se situa a freguesia de Colón, e das comunidades de Pachinche Adentro e Maconta Adentro.

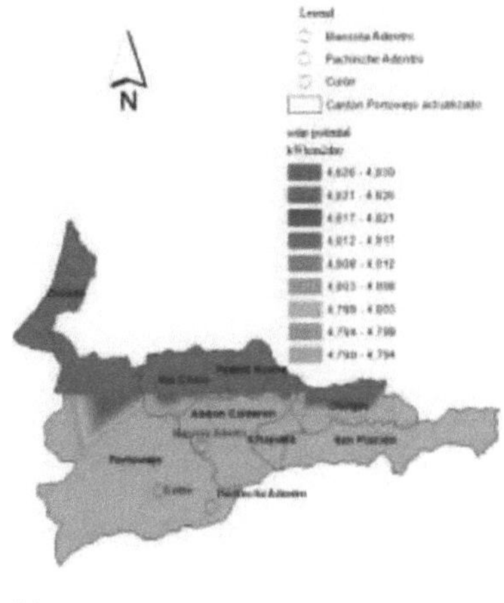

Figura 15. Mapa do potencial solar médio diário anual, do cantão de Portoviejo, da freguesia de Colón e das comunidades de Pachinche Adentro e Maconta Adentro

A informação compilada na Tabela 5 permite-nos definir que o nível de radiação solar anual incidente no cantão de Portoviejo e nas comunidades rurais estudadas pode ser aproveitado para introduzir a tecnologia fotovoltaica ligada à rede, garantindo níveis de energia que permitam melhorar a qualidade de serviço na zona, poupar recursos naturais e contribuir para a redução das emissões de CO_2 para a atmosfera.

Com base nas informações coletadas sobre o comportamento do potencial solar médio anual que incide sobre a área estudada, foi realizado o cálculo da produtividade energética por meio da introdução da tecnologia fotovoltaica e, para isso, foi determinada a produtividade normalizada[2] . Para realizar os cálculos, aplicou-se a equação 1

$$Pn = Pspa * PFV * Acc * \eta t * \eta c \qquad (1)$$

Onde:

---

2 A produtividade normalizada é um indicador que representa o resultado do cálculo da quantidade de energia eléctrica que pode ser gerada por cada kWp de tecnologia fotovoltaica instalada num dia de funcionamento. Para isso, a consideração do potencial solar incidente no local da instalação desempenha um papel determinante. É expresso (kWh/kWp dia).

Pn→ produtividade normalizada (kWh/kWp dia)

Pspa→potencial solar médio anual (kWh/m^2 dia)

PFV→ potência fotovoltaica (kWp)

Acc→ área de recolha solar de células fotovoltaicas (6,4m)^2

ηt→ eficiência técnica dos módulos (no caso do silício policristalino é igual a 13%, no caso do silício monocristalino é igual a 16%) ηc→ eficiência média de absorção de radiação durante o ciclo de vida (86%)

Os dados obtidos permitem-nos calcular que, com a radiação solar média incidente no cantão de Portoviejo, é garantido que, por cada kWp de fotovoltaico instalado, podem ser gerados até 36 MWh de eletricidade no ciclo de vida da tecnologia, com um custo médio estimado em 9 cêntimos por kWh gerado.

Os cálculos de energia foram efectuados aplicando a equação (2).

$$GeCv = Pn * Toa * ToCv$$

(2)

Onde:

GeCv→ produção de energia no ciclo de vida da tecnologia (MWh/Cv)

Toa→ tempo de funcionamento num ano (1 ano=365dias)

ToCv→ tempo de funcionamento no ciclo de vida (25 anos)

Na tabela 6 apresenta-se o cálculo da produtividade média anualizada normalizada e por meses do ano.

Tabela 6. Produtividade normalizada promedio anual e por meses do ano.

Conceito	Média anual (kWh/m^2 dia)	Jan...	Fev.	Mar.	abril.	maio.	Jun.	Jul.	Ago.	Set.	Out.	Nov.	Dic.
Cantão Portoviejo	3.470	3.853	3.771	4.197	4.132	3.746	2.923	2.740	2.944	3.170	3.198	3.299	3.674
Comunidade Colón	3.449	4.914	3.792	4.157	4.107	2.926	2.619	2.619	2.852	3.127	3.148	3.284	3.735
Comunidade rural	3.449	4.914	3.792	4.157	4.107	2.926	2.619	2.619	2.862	3.127	3.148	3.284	3.735

Pachinche Adentro												
Comunidade rural Maconta Adentro	3.427	3.513	3.585	4.157	4.114	2.916	2.926	2.926	3.012	3.141	3.229	3.299	3.427

4.3. Algumas considerações de carácter geral

Em alguns países europeus líderes no desenvolvimento de sistemas fotovoltaicos ligados à rede, prevalece o conceito de concentrar a energia solar em grandes instalações, para depois distribuir e transportar a eletricidade segundo os mesmos critérios aplicados ao esquema energético tradicional; este processo implica um desenho típico de perdas, que chegam a ser planeadas e que dependerão da magnitude dos processos de distribuição, das distâncias de transporte da eletricidade, assim como do estado das redes e dos restantes elementos técnicos do sistema.

No entanto, é perfeitamente verificável que, nas condições do sistema elétrico equatoriano e especialmente na região costeira, esta forma de utilização da energia fotoeléctrica não é eficiente em todos os casos, sendo possível aplicar métodos de ligação que garantam a redução das perdas típicas dos sistemas centralizados convencionais.

Na província de Manabi as perdas médias do sistema elétrico podem ser estimadas em até 15%, dos quais 5% correspondem ao transporte de energia e 10% à distribuição. Durante a fase de projeto dos sistemas fotovoltaicos, é importante ter em conta esta particularidade, uma vez que com a mesma potência instalada, ou seja, com o mesmo custo económico de investimento, podem ser obtidos resultados diferentes.

A Tabela 7 mostra os resultados de uma simulação laboratorial relacionada, com a hipótese de duas centrais fotovoltaicas de 1 MWp localizadas em Portoviejo. A primeira ligada à rede de distribuição, estimando perdas médias de 5% associadas aos processos de transporte e 10% ligadas à distribuição; a segunda ligada diretamente à carga do centro de consumo e partindo do facto de que em nenhum sistema elétrico as perdas são iguais a 0, prevêem-se perdas de energia de 2%. Na análise, os impactos económicos e ambientais podem ser apreciados em ambos os casos.

Tabela 7. Resultados da simulação técnica

Variante	TC (kWh/kWp)	Ega (MWh/ano)	Esc (MWh/ano)	IE (USD)	IA (ton CO_2)
Ligado à rede de distribuição.	1 444	1 444	1 228	368 297,00	1 105,20
Ligado ao baixo	1 444	1 444	1 415	424	1 273,80
Diferença	-	-	187	56	168,60

Fonte: Criação própria através da utilização do software PVSyst V5.55

Descrição dos acrónimos:

TC → Tempo caraterístico (kWh/kWp ano)

Ega → Cálculo da energia que pode ser produzida num ano (kWh/ano)

Esc → Energia estimada que pode ser fornecida ao consumo (kWh/ano)

IE → Impacto económico estimado para o Estado ($)

IA → Impacto ambiental estimado ($)

A tabela 4 mostra que, supondo a instalação de uma central fotovoltaica de 1 MWp na modalidade de geração centralizada, em relação a outra instalada diretamente na rede de baixa tensão dos utilizadores na modalidade de geração distribuída, as diferenças num único ano de funcionamento em detrimento da variante centralizada, ascendem a dezenas de MWh que deixam de ser utilizados para consumo, uma vez que se dissipam em perdas, o que representa mais de cinquenta e seis mil dólares que se perdem, representando, aproximadamente, 168,8 toneladas de CO_2 emitidas para a atmosfera.

Com os resultados observados anteriormente, pode afirmar-se que, para a instalação dos sistemas, é aconselhável conseguir uma maior proximidade da geração à carga, reduzindo as perdas e garantindo uma maior eficiência e recuperação económica do sistema em prazos mais curtos. Essencialmente aproveitando áreas cobertas, áreas perimetrais e outras áreas da comunidade onde atualmente a utilização do espaço não é a melhor.

CAPÍTULO 5. A PRODUÇÃO DISTRIBUÍDA, AS MICROREDES E AS REDES INTELIGENTES NO SECTOR RURAL

5.1. Produção distribuída (GD)

5.1.1. A DG no contexto equatoriano

Para a província de Manabi, a incorporação de energias renováveis em modo GD com tecnologia solar, hídrica e de biomassa é uma prioridade. Embora a contribuição destes recursos no território seja praticamente simbólica, devemos reconhecer que eles constituem um caminho paradigmático e interessante nos esforços para embarcar no caminho da sustentabilidade energética. Estas fontes estão disponíveis em pontos próximos da procura, assumindo a possibilidade de reduzir as perdas, aumentar a eficiência e promover a redução das emissões poluentes, permitindo à província cumprir os compromissos internacionais em matéria ambiental.

5.1.2 Roteiro para a introdução de redes eléctricas inteligentes no Equador

Existem outras alternativas técnicas que têm sido investigadas nos últimos anos. O Equador está enfrentando diferentes desafios que visam alcançar o desenvolvimento do país em uma base sustentável, para garantir o crescimento equitativo da sociedade, entre os mais significativos podem ser observados: o aumento da demanda por eletricidade com uma projeção de 55% no período 2005-2030; enfrentar a tendência do uso de tecnologias mais amigáveis ao meio ambiente; os altos preços da energia; a redução de perdas e; combinar os princípios da GD com o sistema interligado nacional (SNI), tornando a grande escala técnica do sistema centralizado mais reduzida e gerenciável (SENPLADES, 2013).

Entre os objectivos a atingir podem referir-se: o aumento da fiabilidade e da qualidade do serviço elétrico; alcançar a estabilidade operacional do sistema; diminuir os efeitos ambientais derivados da produção, transporte, distribuição e fornecimento de energia eléctrica; aumentar os níveis de eficiência através da redução de perdas e do melhor aproveitamento das fontes disponíveis; Articular adequadamente um mercado de energia eficiente, incorporando o cliente na produção da sua própria eletricidade e no controlo do seu consumo.

As tendências apontam para a assimilação de uma nova forma de operação do SNI através da assimilação cada vez mais importante da GD, das tecnologias associadas às microrredes inteligentes e da presença das FREs, o que exigirá uma adaptação da preparação dos operadores do sistema, que lhes permita gerir as caraterísticas das novas tecnologias e das fontes que são incorporadas (Loor, Cuenca, Castro, & Vilaragout, 2017).

No roteiro do Programa de Redes Inteligentes do Equador (REDIE), está previsto garantir as caraterísticas da nova rede inteligente, como mostra o diagrama da figura 16.

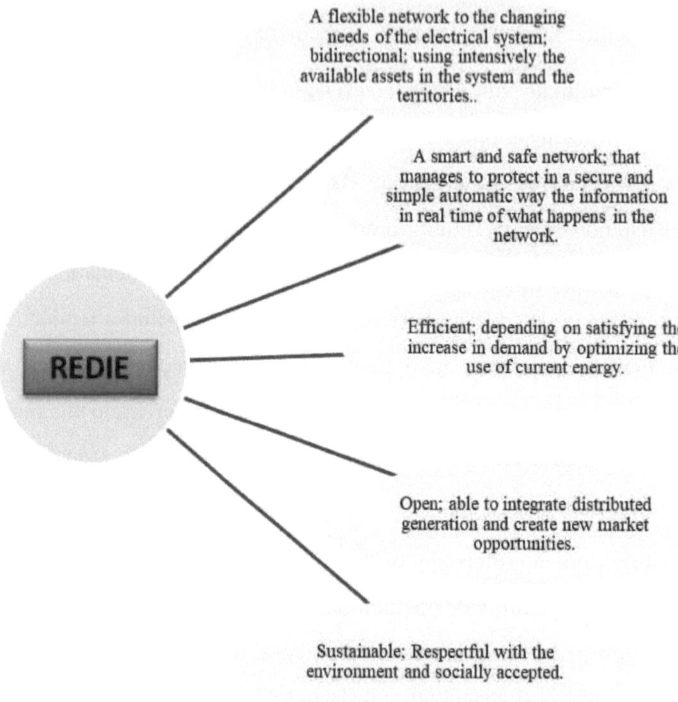

Figura 16. Caraterísticas da nova rede inteligente

Fonte: (Loor et al., 2017)

O roteiro da REDIE já está em andamento, com a consciência de que um trabalho perfeito não foi alcançado e que, como todo trabalho humano, é capaz de aperfeiçoá-lo, bem como o desenvolvimento de novos elementos que podem ser incorporados posteriormente na medida em que os ajustes operacionais aos planos e projetos de realização são feitos, no entanto, já pode ser visto como um propósito institucional, a falta do elemento de treinamento e superação dos recursos humanos que tornarão o projeto uma realidade. Em nenhum caso é o uso da extraordinária capacidade de formação e desenvolvimento de conhecimento que o Equador tem em suas universidades, institutos e centros de pesquisa, que estão distribuídos por todo o território nacional e onde projetos relacionados ao desenvolvimento sustentável, estão desenvolvendo e o uso de recursos locais que estão disponíveis nos territórios (Loor et al., 2017).

5.2. Experiências de aplicação da Inteligência Artificial à escala internacional

Hoje em dia, é impossível imaginar o desempenho da sociedade nas esferas industrial, de serviços e doméstica, sem a utilização de energia eléctrica, que é concebida a partir do funcionamento de diferentes equipamentos que proporcionam conforto para a vida quotidiana, tal como o fornecimento necessário para todas as máquinas, ferramentas e processos que garantem as necessidades humanas actuais.

Para continuar a usufruir dos benefícios que a utilização da energia eléctrica traz, é necessário fazer com que os diferentes sistemas que garantem o fornecimento de eletricidade, sejam cada vez mais eficientes, da mesma forma que é necessário que os utilizadores ou clientes atinjam um nível de consciência e cultura de poupança energética.

As FRE que a natureza oferece sob a forma de energias limpas, não poluentes e não esgotáveis, como a solar, a eólica e a hidráulica, entre outras, estão a ser introduzidas no sistema elétrico em diferentes pontos das grandes redes de transporte, distribuição e baixa tensão. O controlo, a análise e a regulação do seu comportamento devem ser controlados para que os utilizadores possam contar com um serviço elétrico de alta qualidade.

Um paradigma importante nos nossos dias é a utilização óptima da energia disponível, defendendo a eficiência energética em diferentes cenários de trabalho, onde se deve ter em conta que, ao aproximar a produção do consumidor, se reduzem as perdas devidas à transmissão e distribuição dos sistemas eléctricos. A produção de energia eléctrica, ao aproximar-se do consumidor, reduz as perdas por transmissão e distribuição dos sistemas eléctricos, dando lugar à GD, que nestes casos é mais relevante.

Para gerir esta nova conceção do sistema elétrico de forma eficaz, efectiva e eficiente, surgem as chamadas Redes Eléctricas Inteligentes (REI), que são as redes que se incorporam para gerir a energia e apoiar a tomada de decisões adequadas, estas têm diferentes técnicas e a mais utilizada é a inteligência artificial, que estão atualmente a garantir um salto qualitativo na gestão dos recursos energéticos, favorecendo a proteção ambiental e respondendo aos requisitos de qualidade dos serviços e produtos.

5.2.1 Redes eléctricas inteligentes

Conceitualmente, a rede inteligente é definida como aquela que integra a geração centralizada, através de grandes centrais geradoras, com a geração distribuída de pequena escala da FRE, na qual o usuário pode consumir e enviar energia para a rede, ou seja, o lado da demanda da rede pode ser convertido de forma controlada em fonte de geração de energia (Velazcos, 2013), onde são amplamente utilizadas as tecnologias de informação (TIC), que são tradicionalmente associadas a sistemas de informação administrativos e tecnologias de operação (TO), com equipamentos de campo conectados ao sistema elétrico. A Figura 17 mostra um diagrama de como seria esta rede no futuro.

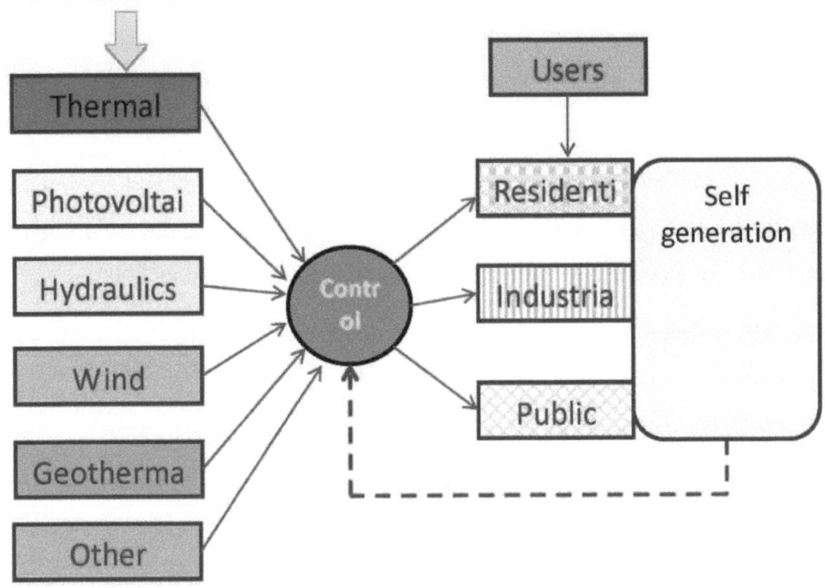

Figura 17. Rede eléctrica inteligente

Fonte: (Velazcos, 2013)

As IER baseiam-se na incorporação na rede elétrica tradicional de dispositivos eletrónicos como: contadores, sensores ou controlos; ligados através de diferentes tecnologias de comunicação, conseguindo a centralização e utilização da informação, em benefício de todos os atores envolvidos, otimizando o funcionamento do sistema elétrico. Desta forma, é possível que os consumidores possam gerir eficientemente os seus activos e que o utilizador final gira o seu consumo de forma racional (Velazcos, 2013).

5.2.2 Inteligência artificial (IA)

Desde os seus primórdios, o homem representou o mundo real através de símbolos, que são a base da linguagem humana. De facto, os processos simbólicos são uma caraterística essencial da IA (Huacuz, 1990).

Mas a IA vai mais longe, não só tenta compreender, como também se esforça por criar entidades inteligentes, constituindo uma das ciências que tem uma emergência recente. Atualmente, abrange uma importante variedade de subcampos, com a capacidade de sintetizar e automatizar tarefas intelectuais e técnicas, sendo potencialmente relevante para qualquer área de desenvolvimento da sociedade, resultando num campo genuinamente universal e versátil.

Embora não seja fácil concetualizar em relação à definição de IA, pode dizer-se que, da forma mais básica, é entendida como: O desenvolvimento de métodos e algoritmos que permitem o comportamento inteligente dos computadores (Herrera, 2009).

A IA baseia-se no conhecimento, e existem três modelos que os investigadores têm tradicionalmente utilizado para o manipular (Velâzquez, 2010):

• Programação heurística: Baseia-se no modelo de comportamento humano e no seu estilo, para resolver problemas complexos. Existem vários tipos de programas que incluem algoritmos heurísticos.

• Redes neuronais: Representação abstraída do modelo neuronal do cérebro humano. As redes são constituídas por um grande número de elementos simples e suas interligações. As tentativas de imitar o funcionamento do cérebro humano numa máquina têm vindo a aumentar com a evolução da tecnologia. A inteligência artificial tenta descobrir aspectos da inteligência humana que possam ser simulados por máquinas. Neste sentido, são mais uma forma de emular certas caraterísticas dos humanos, constituindo aplicações associadas à inteligência artificial. Uma rede neuronal é um processador paralelo massivamente distribuído, propenso por natureza a armazenar conhecimento experimental e a torná-lo disponível para utilização. O seu funcionamento complexo é o resultado de abundantes loops de feedback, juntamente com as não linearidades dos elementos do processo e as alterações adaptativas dos seus parâmetros, o que permite definir fenómenos dinâmicos de grande complexidade que podem ser aplicados em engenharia eléctrica (Fossati, 2011).

• Evolução artificial (algoritmos genéticos): O seu modelo baseia-se no processo genético de evolução natural proposto por Charles Darwin. São utilizados sistemas simulados em computador que evoluem através de operações de reprodução, mutação e cruzamento (Velâzquez, 2010).

O que precede permite constatar a importância das diferentes aplicações da AI no sector da energia e, sobretudo, responder às prioridades de melhoria da qualidade do serviço e de redução dos impactos ambientais associados à produção de eletricidade.

5.2.3A situação internacional atual

Na atual matriz energética internacional, predomina a geração de eletricidade baseada no consumo de combustíveis fósseis, especialmente o petróleo, que além de poluir o meio ambiente contribui para o esgotamento dos recursos naturais. O maior percentual de perdas para o transporte e distribuição do sistema elétrico também é dado pela forma tradicional de transmissão e distribuição de energia, do gerador ao consumidor por longas distâncias. Acrescem ainda neste sentido as interrupções do serviço elétrico, que prejudicam a qualidade do serviço prestado ao utilizador.

A isto há que acrescentar que a situação energética mundial começou a dar sinais de crise aguda, agravada pela instabilidade dos preços do petróleo e pela atual guerra no Médio Oriente pelo domínio das jazidas de hidrocarbonetos, algo que mostra o desespero das grandes transnacionais petrolíferas, perante o esgotamento das reservas noutros territórios. Nestas condições, a sociedade humana apercebe-se da necessidade de centrar a atenção na natureza e de tirar partido da energia limpa e inesgotável que esta oferece.

Ao longo do tempo, as redes eléctricas não têm sofrido alterações estruturais que se adaptem às novas condições e exigências, mas o serviço de eletricidade continua a ser um mobilizador do desenvolvimento económico e social. Por seu lado, a IA tem vindo a confirmar corresponder a uma área multidisciplinar, que através de ciências como a computação, a matemática, a lógica e a filosofia, estuda o desenho e a criação de sistemas tecnológicos capazes de resolverem sozinhos problemas do quotidiano, usando como paradigma a imitação da inteligência humana.

A rede eléctrica do futuro imediato exige um salto qualitativo a nível estrutural e funcional, que permita gerir melhor os recursos, reduzir drasticamente as perdas, favorecer a conservação dos recursos naturais, promover a proteção do ambiente e responder aos requisitos cada vez mais exigentes de um serviço elétrico de elevada qualidade e excelência.

Nas últimas décadas, o mundo tem registado um aumento significativo da procura de energia eléctrica, o que tem provocado uma preocupação generalizada com os problemas futuros da energia em termos de sustentabilidade. Esta situação tem levado a comunidade científica a procurar soluções que permitam uma utilização eficiente, fiável e responsável da energia, através de uma conceção mais flexível e optimizada da rede eléctrica. Neste cenário, a rede e as aplicações da IA andam de mãos dadas, no surgimento de um novo paradigma conhecido como rede eléctrica inteligente (Jiménez, Palma, & Lorenzo, 2012).

Durante grande parte do século passado, as redes eléctricas foram um símbolo de progresso. Mas, atualmente, estas estruturas representam uma mudança radical em função da forma como a energia é produzida, distribuída e consumida. Para as empresas distribuidoras de eletricidade, é vital conhecer em tempo real o estado da rede, onde e quando ocorrem os cortes de serviço, a identificação de perdas e o roubo de energia, conhecer os consumos dos utilizadores, gerir remotamente e incorporar convenientemente a produção eléctrica distribuída com origem na FRE.

Apesar do amplo espetro de tecnologias envolvidas, o que torna impossível fornecer uma definição simples e única, é amplamente aceite que a rede inteligente é a plataforma que integra todas as tecnologias mais avançadas de controlo e processamento de informação, que permitem monitorizar e gerir a produção e distribuição de energia. Existem muitos aspectos em comum entre esta nova conceção da rede eléctrica e os princípios que deram origem à Internet (Huacuz, 1990). Assim, é bastante comum considerar a rede inteligente como uma rede tradicional reforçada com tecnologias de informação e comunicação, a fim de proporcionar uma utilização eficiente, segura e fiável da eletricidade.

As redes inteligentes ajudam a satisfazer as crescentes necessidades de eletricidade, minimizando simultaneamente o impacto ambiental e contribuindo para os esforços de limitação das emissões de CO2. A procura de eletricidade está a disparar; nos próximos 20 anos, será necessário aumentar a capacidade de quase um gigawatt por semana, apenas para satisfazer a procura global; a União Europeia pretende poupar 135 mil milhões de quilowatts-hora de energia até 2020.

Esta quantidade equivale a três vezes a energia poupada com a eliminação das lâmpadas incandescentes tradicionais em toda a Europa; atualmente, mais de 40% da energia eléctrica produzida no mundo provém do carvão, que é responsável por 72% das emissões de CO2 causadas pela produção de eletricidade e, neste caso, as redes inteligentes permitem a integração da FRE no esquema elétrico tradicional, com o objetivo de reduzir a dependência dos combustíveis fósseis; as novas tecnologias permitem uma maior transparência em termos de consumo e de custos para os consumidores em qualquer momento.

O consumidor decide a quantidade de eletricidade a consumir e de onde vem essa energia; as tecnologias de redes inteligentes optimizam a produção de eletricidade, apoiam o desenvolvimento de um sistema elétrico tornando-o mais eficiente, fiável e permitem uma distribuição eléctrica inteligente (Quijano et al., 2012).

A utilização de dispositivos inteligentes em ambos os lados da linha eléctrica, com comunicação entre eles e com a capacidade de programar acções de acordo com as condições de fronteira, permitirá a criação de redes inteligentes complexas em comunidades de vizinhança, em empresas ou em unidades familiares, com elevadas capacidades de interação e intercomunicação, o que mudará o paradigma da utilização da energia tal como a conhecemos hoje.

Este novo modelo tornar-se-á mais importante no momento em que os sistemas de produção distribuída, por exemplo: baseados na energia fotovoltaica; se difundirem amplamente nos sectores residencial, comercial e industrial. Nesse momento, o consumidor de energia perderá seu papel tradicional para se tornar produtor-consumidor, ou seja, passará a ser um prosumidor. Nesse cenário, as redes de comunicação, responsáveis pela troca de informações com o ambiente, e os sistemas inteligentes, necessários para a tomada de decisões automatizadas, serão essenciais para o bom funcionamento das Smart Grids.

Bibliografía

AIE. (2011). Panorama energético mundial. Agência Internacional de Energia. www.iea.org/about/copyright.asp.

AIE. (2013). Perspectivas energéticas mundiais 2013. Resumen ejecutivo traducido al espanol. http://www.iea.org/.

Calvo, P. R., Portet, T. J., & Bou, P. M. (2014). La equidad social como elemento esencial para el desarrollo local. Universidad de Valencia Consultado el 31 de octubre de 2017. Disponibleen: http://www.age-geografia.es/site/wp-content/uploads/2014/11/DesarrolloLocal.pdf.

CONELEC. (2009). Plan maestro de electrificación 2009 - 2020. La electricidad es desarrollo al servicio del Ecuador. Consultado el 30 de octubre de 2017. Disponível em: https://conelec.gov.ec, .

Dafermos, G. (2015). Energia distribuída. Flok society, 1, Disponible en:

http://floksociety.org/docs/Espanol/2/2.3.pdf.

Delucchi, M. A., & Jacobson, M. Z. (2011). Delucchi, M.Z.J.y.M.A., Providing all global energy with wind, water,and solar power, Part II: Reliability, system and transmission costs, and policies. Política Energética 39: 1170-90, 2011. Energy Policy 39: 1170-90. www.elsevier.com/locate/enpol.

Energreencol. (2014). Soluciones de energia para àreas rurales en Colombia. Consultado 052017. Energias Renováveis na Colômbia, www.energreencol.com.

Fossati, J. (2011). Revisão bibliográfica sobre micro redes inteligentes. . Literature review of microgrid Memoria de trabajos de difusión cientifica y tècnica, nùm. 9. ISSN: 15107450. 2011.

GDEM. (2011). ASTER. Global DEM Validation Summary Report from. . http://www.gdem.aster.ersdac.or.jp.

Giraudy, A. C. M., Massipe, C. I., Rodriguez, R. R., Rodriguez, G. M., & Vàzquez, P. A. (2014). Factibilidad de instalación de sistemas fotovoltaicos conectados a red. Ingenieria Energètica, 32(4), 141-148.

Herrera, J. (2009). Normativa Chilena referida a Generación Distribuida como Agente del Mercado Elèctrico. Ingenieria Elèctrica, EIE561, Chile(Student Member IEEE).

Huacuz, J. (1990). Geração eléctrica distribuída com energias renováveis. Boletin IIE. México, setembro de 1999.

IGM. (2013). Capas de Información Geogràfica bàsica del IGM de libre acceso. (Codificação UTF-8). Cartografia de livre acesso (Escala Regional). www. igm.Geoportal.html

Jimènez, G., Palma, R., & Lorenzo, R. C. (2012). Desafios e oportunidades para micro-redes rurais no Chile e na regiāo. Seminario Internacional "Desafios en el desarrollo de micro redes inteligentes en zonas aisladas. Centro de Energia Facultad de Ciencias Fisicas y Matemâticas Universidad de Chile. Disponível em: http://www.rcgsas.com/Documentos/Seminario/SRI-UN_s15c.pdf.

Licuy, A. P. (2013). Estudio del Potencial solar incidente en el Ecuador, para su empleo en diversas aplicaciones energèticas. . Revista Renia, , ISBN: 978-959-261-452-9.

Loor, C. G. A., Cuenca, A. L. A., Castro, F. M., & Vilaragout, L. M. (2017). Hoja de ruta para la introducción de redes inteligentes en Ecuador. Revista Internacional de Ciencias Fisicas de Ingenieria ISSN: 2550-6943. Disponível em: http://sciencescholar.us/journal/index.php/ijpse, Vol. 2. No 1, 1-10.

Mattar, J., & Riffo, L. (2013). Desenvolvimento territorial na América Latina: Uma perspetiva de longo prazo. Parte da série de livros Advances in Spatial Science (ADVSPATIAL), Consultado el 31 de octubre de 2017. Disponível em: https://translate.google.com/?hl=es#en/es/Part%20of%20the%20Advances%20in%2 0Spatial%20Science%20book%20series%20(ADVSPATIAL).

MEER. (2014). La electrificación rural con energias renovables Minsterio de Electricidad y Energia Renovable del Ecuador, Consultado el 15 de noviembre de 2017. Disponible en: http://www.energia.gob.ec/electrificacion-rural-con-energias-renovables/.

Millet, R. Z., Rodriguez, G. M., & Espino, A. R. (2011). Propuesta de sustitución de la energia generada con un grupo eletrógeno por energia renovable en la comunidad de Pinar Redondo, del municipio de San Luis. Revista Eco Solar. http://www.cubasolar.cu, 33(ISBN: 1026_6004).

Murillo, P. (2005). Estudio sobre el Servicio de Energia Eléctrica en el Ecuador y su impacto en los consumidores. . Tribuna Ecuatoriana de Consumidores y Usuarios,, http://www.imaginar.org/docs/L_tribuna_electrico.pdf.

NASA. (2014). Nasa-see-monthly-average-wind-data-at-one-degree-resolution-of-the-world. Aberto. Patrocinadores e parceiros da EI International (Consultado noviembre 2017), .

ONUDI. (2010). Desarrollo de las energias para satisfacer parte del desarrollo, Retos para la viday bienestar. http://webworld.unesco.org/water/wwap/wwdr/wwdr1/ pdf/.

Parrondo, J. L., & Diez, L. (2012). Planificación integrada de electrificación mediante SIG. Anales de mecànica y electricidad enero-febrero 2013.

Pascua, I. P. (2012). INTIGIS: Propuesta metodológica para la evaluación de alternativas de electrificación rural basada en sig. Colección Documentos Ciemat, Catàlogo general de publicaciones oficiales, (Depósito Legal: M-7651-2012, ISBN: 978-84-7834-6769, NIPO: 721-12(http://www.060.es).

Quijano, R., Botero, B. S., & Dominguez, B. J. (2012). Aplicação MODERGIS: Plataforma de simulação integrada para promover e desenvolver planos de energia sustentável renovável, estudo de caso colombiano. renewable and Sustainable Energy Review. Disponível em: http://www.sciencedirect.com/science/article, Vol. 16, No 7, 5176-5187.

RENOVA. (2015). RENOVAENERGÎA.SA. Fatura de proforma RNV - OFER www.renova-energia.com

Rodriguez, D. L. (1990). La influencia de la ciencia y la tecnologia dentro de los procesos claves para alcanzar el desarrollo sostenible de la localidad. Toffler, A. Cambio de Poder / Antonio Toffer. -- Barcelona. 284 pâginas.

Rodriguez, G. M., Castillo, J. W., Vâzquez, P. A., & Saltos, A. W. M. (2016). Viabilidade económica da extensão da rede de distribuição. Revista da Organização Internacional de Pesquisa Científica Revista de acesso aberto. ISSN: 2455-8818, http://isroj.net/index.php/isroj- issue/archive-issue/90-volume-01-issue-02-april-2016/132. Disponível Online em-http://isroj.net/index.php?menu=is&type=1, Volume 01 Issue01 janeiro 2016.

Rodriguez, G. M., Washington, C. J., Antonio, V. P., & Saltos, A. W. M. (2016). Viabilidade Económica do Prolongamento da Rede de Distribuição. Publicação ISROJ. Artigo de investigação. Disponível em

Online at-http://isroj.net/index.php?menu=is&type=1, Volume 01 Issue01 January 2016.

Rodriguez, M., Vâzquez, P. A., Castro, F. M., & Vilaragut, L. M. (2013). Sistemas fotovoltaicos e a ordenação territorial. . Ingenieria Energética 34(3), p. 247-259.

Saltos, A. W. M., Intriago, C. G., Salvatierra, C. S., Vâzquez, P. A., & Rodriguez, G. M. (2017). Microrrede com um sistema fotovoltaico de 3,4 kWp na Universidade Técnica de Manabi. Revista Internacional de Ciências Físicas e Engenharia Disponível. 2550-6943, ISSN : 2550-6951© Copyright 2017. O autor. Publicado por ScienceScholar . Este é um artigo de acesso aberto sob a licença CC-BY-SA (https://creativecommons.org/licenses/by/4.0/) Todos os direitos reservados, Vol. 1 No. 2, agosto 2017(2), 11-20.

SENPLADES. (2013). Plan Nacional del Buen Vivir 2013-2017. Secretarla Nacional de Planificación y Desarrollo - Senplades, Quito, Ecuador (primera edición, 11 000 ejemplares), 2013. ISBN-978-9942-07-448-5. . Disponível em versão digital em: www.buenvivir.org.

SENPLADES. (2015). Manabi y Santo Domingo de los Tsâchilas. Agenda Zonal Zona 4- Pacifico

Provincias de: Manabi y Santo Domingo de los Tsâchilas, http://www.planificacion.gob.ec.

Stiglitz, J. (2012). El precio de la desigualdad. Copia privada para fines educacionales ISBN: 9788430601349.

Velazcos, R. (2013). Redes de transmisión inteligente. Beneficios y riesgos. Redes de Transmissão Inteligentes - Benefícios e Riscos. . Ingenieria Investigación y Tecnologia. 81-88. ISSN 1405-7743 FI-UNAM. Instituto de Engenharia. Universidad Nacional Autónoma de México, Vol. XIV. No 1, .

Velâzquez, R. (2010). Introdución al concepto de micro redes. Boletin IIE, Tendências tecnológicas Consultado a 15 de janeiro de 2016. Disponível em: http://www.iie.org.mx/boletin032010/tenden.pdf.

Vélez, Q. A. M., Rodriguez, G. M., Cervantes, O. J., Vâzquez, P. A., & Mieles, M. G. (2016). Fotovoltaica, uma Escolha, Qualidade para o Serviço Elétrico Chone Canton. Revista Internacional de Ciência e Engenharia da Invenção (IJSEI). ISSN 2455-4286. www.isij.in. Disponível em:

https://www.researchgate.net/publication/319016555_Photovoltaic_a_Choice_Qualit y_to_Electric_Service_Chone_Canton, Volume 02 Edição 02 abril de 2016, 1-9.

Westervelt, D. F. F. (2005). Tendências energéticas e suas implicações para. Laboratório de Investigação em Engenharia da Construção. ERDC/CERL TR-05-21, Construction Engineering, Consultado el 30 de octubre de 2017. http://www.jacksonprogressive.com/issues/econandwelfare/ArmyEnergyPlan.pdf.

Whitlock, C. H. (2000). Release 3 NASA surface meteorology and solar energy data set for renewable energy industry use. . Actas de Rise and Shine, 2000.

Printed by Books on Demand GmbH, Norderstedt / Germany